AF458687

FORME ET MATIÈRE

PAR

LE Dr F. FRÉDAULT

PARIS
CHEZ ÉMILE VATON, LIBRAIRE
8, RUE DU VIEUX-COLOMBIER, 8

1876

FORME ET MATIÈRE

VILLE-D'AVRAY. — IMP. SOUSSENS ET Cie.

FORME ET MATIÈRE

PAR

LE Dr F. FRÉDAULT

PARIS
CHEZ ÉMILE VATON, LIBRAIRE
8, RUE DU VIEUX-COLOMBIER, 8

1876

INTRODUCTION

La question de l'être et du rôle de la matière est la grande question philosophique de notre temps. Sous toutes les luttes qui bouleversent profondément cette époque, c'est elle qui agite en renouvelant l'ancienne lutte entre la matière et l'esprit.

Le christianisme avait apaisé l'antique débat, en établissant que tous les êtres de ce monde sont formés de matière et d'esprit substantiellement unis, c'est-à-dire unis dans l'unité, de sorte que les deux ne font qu'un être parce qu'ils se servent réciproquement de complément. L'esprit formule l'être, lui donne son type, sa forme, et, de là, son nom de *Forme substantielle;* la matière réalise l'être et en représente le fait sensible et nécessaire. Ainsi les deux séparément seraient relativement incomplets, et ils se sont réciproquement un complément nécessaire pour l'être qu'ils forment.

Cette solution si claire et si précise avait mis la paix en accordant à chacun ce qui lui revient légitimement. La nature elle-même semblait s'être expliquée dans cette formule qui consacrait ainsi et tout à la fois un dogme de Foi et un dogme naturel.

Malheureusement elle fut compromise dans les interprétations trop passionnées des siècles qui suivirent les grands maitres de la philosophie chrétienne; et, dès lors, apparurent pour se continuer jusqu'à nous en s'agravant, les luttes sur la matière et l'esprit, sur le rôle du corps et de l'âme, du spirituel et du temporel, de l'autorité et de la liberté. Le monde en a été troublé dans la religion, les sciences, les arts, la morale et même la politique.

On ne saurait donc trop travailler au retour et au triomphe de la solution qui avait tout apaisé, et qui avait si admirablement consacré l'union légitime des sciences et de la religion. C'est de l'union des philosophes que dépend cette solution plus que jamais urgente.

Certains bons esprits, mais mal édifiés, traitent légèrement la philosophie, dont cependant tout dépend, autant que la croyance et l'intelligence et la pratique des choses dépendent de la raison. Ils en font fi en ne s'apercevant pas qu'ils ressemblent à ces cerveaux mal équilibrés, qui, par ignorance ou par faiblesse de jugement, récusent la religion, pour s'en faire une personnelle à la mesure de leur esprit et de leur conscience. On a beau se récrier contre la raison, elle est la grande maîtresse de notre conduite, et nous guide selon son plus ou moins d'instruction et d'éducation ou, autrement dit, de philosophie.

En réalité, la philosophie, quoi qu'on fasse, gouverne donc le monde, tantôt avec la religion, et c'est la loi, tantôt sans elle, et alors contre elle, et c'est le désordre. Elle nous mène en faisant accorder ce qui nous vient d'en haut, et ce qui nous vient d'en bas, ce qui nous arrive par les principes enseignés à notre raison, et par les faits que constatent nos sciences et notre expérience. Si ce rôle est compromis il y a division et, par cela même, désordre. La philosophie en est scindée : une partie va avec la religion, mais abdique toute action sur les sciences, et n'apporte, par cela même, à la religion qu'un service infécond; l'autre va avec les sciences et les aide à ratiociner, comme on disait autrefois, mais ne leur apporte aucun secours vrai, aucune inspiration, et les sciences s'en dégoutent. Voilà tous les troubles engendrés.

Il est donc désirable que la philosophie reprenne son véritable rôle recevant l'inspiration d'en haut, pour la conjoindre aux renseignements d'en bas; et c'est ce que les penseurs chrétiens peuvent seuls faire en se posant sur le dogme tout à la fois naturel et religieux de la constitution des êtres. Là est le point fondamental, et de là dépend le grand apaisement nécessaire, puisque de là sont nés tous les troubles. Si la paix n'est pas dans le raison, comment serait-elle dans la conduite? Si elle n'est pas dans les intelligences, comment s'établirait-elle solidement dans les consciences?

C'est depuis un temps relativement récent qu'on a saisi la gravité d'une question qui ne passait pour être qu'un débat d'école; et même il n'y a encore qu'un certain nombre d'intelligences qui aient bien vu les rapports si profonds entre le différend philosophique et les erreurs qui troublent notre époque. Mais de plusieurs côtés on s'en préoccupe; et des savants, des religieux, m'ont demandé de rééditer en volume les articles que j'avais donnés dans le journal l'*Univers* en réponse aux articles du R. P. Libératore, à propos de mon *Traité d'Anthropologie*. J'ai pensé qu'il y avait mieux à faire que de reprendre des articles de circonstance, aujourd'hui insuffisants, et que le moment était venu de consacrer à la question un travail spécial.

Tel est le sujet que nous allons examiner, et dont on peut du premier coup d'œil mesurer l'importance. Toutefois, il faut y entrer avec calme, élaguer momentanément toutes les applications qui pourraient passionner ou troubler, et se contenter de les entrevoir dans la perspective. C'est surtout la doctrine générale qu'il importe de comprendre et de fixer clairement, sans hésiter à poursuivre toutes les subtilités de l'erreur, au risque parfois d'être entraîné à des répétitions qui paraissent fastidieuses mais ne sont pas moins nécessaires. La vérité est toujours la même devant l'erreur qui se travestit incessamment; et devant ces fantômes d'argumentation qui reproduisent toujours un même fonds d'altération du vrai, ce vrai se redresse immuable sous ses divers aspects. Le principal est dans les principes; ils sont tout.

La doctrine une fois nettement fixée dans les intelligences, toutes les conséquences viendront naturellement, inévitablement et à leur temps, avec la grâce de Dieu et pour sa gloire.

Paris, ce 10 novembre 1876.

CHAPITRE PREMIER

La doctine des Formes substantielles reparaît avec la philosophie chrétienne.

Le mouvement qui ramène notre temps aux doctrines scolastiques a pris une telle importance qu'on doit espérer de voir bientôt réapparaître une constitution de la philosophie chrétienne. De tous côtés et dans tous les sens on réagit contre les systèmes trompeurs qui, depuis le XVIe siècle, ont fait dévier tant d'esprits, même supérieurs, et nous ont amenés, pas à pas, aux honteuses formules du positivisme. Ce mouvement est plein de puissance et de majesté ; et, à le voir, on s'incline devant le doigt de Dieu qui le mène, on bénit à l'avance les grands résultats qu'il promet.

Cependant, il ne faut point s'étourdir. Dans ce courant de rajeunissement il y a plus d'un obstacle à franchir, où il serait périlleux d'échouer; et ces obstacles ne sont pas seulement extérieurs. Dieu nous mène, mais aussi nous marchons, et nous avons la responsabilité de ne point faire de faux pas, et de ne point nous tromper, comme on l'a fait il y a trois cents ans.

Pour tous ceux qui s'occupent de ce noble sujet, c'est un point de doctrine assuré que la question fondamentale en philosophie est celle de la substance. Reprendre la philosophie qui a précédé les philosophies dites modernes, c'est revenir franchement et sans ambages à la doctrine des Formes substantielles, c'est rentrer dans la citadelle imprenable du spiritualisme chrétien, qui défie toutes les attaques du matérialisme. On n'a été momenta nément battu que pour en être sorti, écoutant naïvement les insinuations de ceux qui nous appelaient au dehors, en nous leurrant des fallacieuses promesses de nous faire mieux comprendre l'être au nom de la raison et de l'expérience! Au lieu de déclarer que nous saurions très-bien comprendre ces deux belles révélatrices si elles voulaient demeurer dans nos murs, nous sommes sortis avec elles comme des libertins qui suivent deux coureuses, oublieux de nos principes et un peu complices de leurs débauches. C'est là l'histoire de la philosophie, en deux mots, depuis le XVIe siècle, abandonnant son terrain, sa forteresse, ses principes, pour aller s'égarer dans toutes les mauvaises doctrines possibles à la suite d'une expérimentation aventureuse et d'une raison sans guide.

La doctrine des Formes substantielles, admirablement constituée par les philosophes chrétiens du Xe au XIIIe siècle, par saint Grégoire de Nysse, saint Augustin, Boëce, saint Jean de Damas, le pape saint Félix, Albert-le-Grand, saint Thomas, était arrivé avec Scott devant une difficulté grave. L'âme était reconnue comme unie au corps en qualité de Forme substantielle; c'est à elle qu'on reconnaissait le pouvoir de donner l'être, la vie et ses puissances. Mais dans cette doctrine, quel rôle joue le corps? Est-il quelque chose où n'est-il rien? Que sont les éléments matériels qui entrent dans sa composition et le constituent? Ce corps est bien quelque chose par lui-même, dit Scott, il doit avoir son principe propre de subsistance, car le corps de Notre-Seigneur était bien quelque chose dans les heures où son âme l'avait momentanément abandonné!

Grande et redoutable, et fatale question, cause de tant de débats! Il fallait bien la résoudre cependant, la résoudre en interprétant le rôle de la Forme substantielle, quitte peut-être à tout ébranler; et Scott la résolvait en disant que le corps a son principe de subsistance propre, de sorte que l'âme n'est pas unie à une matière pure, mais à une matière déjà informée; solution différente de celle qu'avait soutenue saint Thomas.

Dès lors, depuis la fin du XIIIe siècle, les disciples de saint Thomas et ceux de Scott, se partagèrent une doctrine jusque là unique et formèrent deux courants différents, contraires, adverses, qui luttent sans trêve en s'épuisant réciproquement pendant plus de deux cents ans; aucune solution commune, aucune conciliation ne pouvaient être trouvées.

Cependant les temps marchaient, une autre

époque se préparait pour de nouvelles choses, le mouvement d'éclosion des sciences naturelles et expérimentales approchait. Il eut fallu être prêt pour ce temps, pour ces choses, pour ces sciences nouvelles, prêt à recevoir ces nouveaux travaux en leur donnant la formule sur laquelle ils devaient édifier. La matière va s'accentuer dans les expériences, il faudrait donner la formule de la matière. Mais la doctrine régnante ne peut formuler cette doctrine philosophique d'accord avec les travaux dont elle devrait être la directrice. Déjà, cependant, de toutes parts les éclosions du mouvement scientifique, de nouveaux travaux se montrent. Cette raison qu'on n'a pu contenir et contenter commence à s'affranchir; et, à ses premiers essais de vol indépendant, on pourrait prévoir tous ses désordres. L'expérience, qu'on n'a pas su enfermer dans une doctrine positive, apprête ses fourneaux, ses cornues, ses alambics, son scapel, son microscope, sa vapeur, son électricité, tous ses engins, et fait surgir déjà des joyaux de science matérialiste dont la séduction passionne, et dont on pourrait aussi prévoir tous les enivrements. Ces préludes sont comme une dernière sommation faite à la philosophie.

Hélas! la sommation est alors vraiment faite! Dieu a marqué les temps; il faut que la science marche et le mouvement se précipite, des bouffées de découvertes comme des bouffées de vapeur enivrante sortent de ces entrailles matérielles que scrutent à l'envi la raison et l'expérience sans doctrine. Bientôt le volcan bouillonne, les éruptions de découvertes se multiplient avec des explosions de déraison. Qui règlera ce travail? qui contiendra les bonds désordonnés et furieux de ce volcan? En vain l'autorité religieuse tentera de poser la digue la plus strictement nécessaire : la philosophie son aide naturel, son instrument d'action sur la raison, fait défaut; et les sciences nouvelles à qui la philosophie n'a pas su donner de doctrine précise se déclarent indépendantes dans les bouleversements où elles se livrent, faisant voler au hasard des diamants comme des pierres précieuses admirables au milieu des torrents de fumée, de vapeur, de cendres et de laves. Le monde étourdi, aveuglé, séduit, enivré dans ce tourbillon scientifique, où tant de choses reluisent dans les ténèbres, où les sens sont flattés et passionnés, le monde ne voit plus que matière, ne vit plus que de matière, ne rêve plus que de matière; et toute tradition des sciences de l'esprit se perd dans le lointain des souvenirs! La science dite moderne semble effacer jusqu'à la reconnaissance qu'on doit à la science spiritualiste qui l'a précédée!

Et maintenant est-ce fini? Près de quatre siècles d'orgie matérialiste, est-ce assez? Dieu seul le sait!

Mais puisqu'il semble que quelques vapeurs se dissipent, qu'une lueur faible encore, mais certaine, un peu du ciel bleu du bon Dieu nous apparaît, qu'un mouvement de rajeunissement et de rénovation s'accentue, par grâce regardons-y bien pour ne point nous tromper dans la direction de nos efforts! Les meilleures intentions peuvent n'être point justes; rendons-nous bien compte de la voie où elles nous mènent, des moyens qu'elles nous inspirent, et visons bien le but que nous poursuivons. Il s'agit de la question la plus grave peut-être que la philosophie puisse poser, de celle qui doit montrer comment la raison et l'expérience peuvent être contenues dans la doctrine, tout en leur laissant leur rôle entier dans leur travail et leur fécondité. L'expérience ne pourra jamais par elle-même savoir ce qu'est la matière: elle peut éclairer sur son rôle, mais il faut que ce soit la raison qui conçoive ce qu'est cette chose, ce qu'elle est dans l'être. Il faut que ce que la philosophie n'a pas fait au moment où naissaient les sciences naturelles et expérimentales, il y a trois siècles, soit fait aujourd'hui, après trois siècles de matérialisme issu de ces sciences sans guide; il faut voir comment on a laissé échapper le courant scientifique, y chercher pour y prendre ce qu'il y a de vrai, et le féconder en reprenant sa direction.

CHAPITRE II

La philosophie chrétienne ou philosophie de l'être opposée à la philosophie payenne ou phénoménaliste.

Je demande d'abord au lecteur qui voudra embrasser toute la question, de bien examiner pourquoi la doctrine des Formes substantielles est le fondement de la philosophie chrétienne. Cette première question pose du premier coup les horizons du terrain où nous sommes, et en établit l'importance.

Il n'y a en fait dans ce monde que deux esprits : l'esprit chrétien qui est l'esprit vrai, souffle de la philosophie chrétienne; et l'esprit payen qui est l'esprit faux, l'esprit matérialiste, vent de la philosophie payenne. L'un pose l'être comme le pivot de toutes choses; l'autre omet l'être ou le méprise, ou le néglige, et prend le phénomène comme la seule réalité de toutes choses, parce que, pour lui, tous les êtres ne sont que des modalités d'un grand tout. Le paganisme n'a jamais été que du panthéisme.

On peut poser en thèse facile à soutenir, que les payens n'ont jamais eu une conception nette de l'être parce qu'ils n'ont jamais eu une conception nette de Dieu, auteur de tout être. La philosophie des grecs a été se perfectionnant et s'épurant depuis Pythagore, Empédocle, en passant par Anaxagore et Socrate jusqu'à Platon et Aristote: mais ces deux derniers maîtres qui ont le plus approché de la conception rationnelle de l'être ne l'ont cependant point saisie. Tous deux étaient panthéistes, ce qui altérait leur conception en lui faisant méconnaître la distinction des êtres. Aristote, qui a été le plus loin en concevant l'*Entéléchie* et en esquissant la doctrine des Formes substantielles, entrevoyait la vérité, mais ne l'étreignait pas. Il est si obscur dans son interprétation du rôle formel de l'âme qu'il a laissé à entendre que l'intelligence rationnelle n'est point de l'âme, origine du système plus accentué d'Ibn-Roschd (Averrhoës). Il est si obscur dans les trois derniers livres de la Métaphysique, la plus parfaite et la plus exquise de ses œuvres, qu'on s'en est servi pour démontrer son panthéisme. En deux sens contraires on s'est emparé de lui, et on s'est servi de son autorité parce qu'il aspirait à l'être en aspirant à Dieu; mais il ne pouvait absolument atteindre à la connaissance de l'être parce qu'il ne pouvait nettement connaître Dieu.

Seule dans l'ancien temps, la race hébraïque, après les premiers justes, a pu connaître l'être parce qu'elle a pu connaître Dieu; et, de tous les anciens livres, l'Ancien Testament est le seul qui affirme avec une netteté irécusable l'être de Dieu et l'être de l'homme, l'être de l'homme dans la distinction de son corps et du souffle animique qui le vivifie. La conception hébraïque n'a pas la richesse de formule qu'elle pourra prendre plus tard; mais si elle a pu acquérir plus de clarté dans les détails, plus de profondeur dans les conséquences, elle n'a jamais eu ni plus de netteté ni plus de grandeur. Dès le premier chapitre de la Genèse, l'homme nous apparaît fait d'un corps matériel qu'anime un souffle de vie; et il y a nombre de passages dans les divers livres qui rappellent ce dogme inébranlable. Comment ensuite la révélation chrétienne nous a-t-elle fait mieux connaître l'homme en nous faisant mieux connaître Dieu, il faudrait pour le bien faire voir suivre pas à pas toute notre tradition; mais, sans entrer dans tout ce détail, on peut rappeler à ceux qui savent, que la connaissance de l'être de l'homme et des créatures, arrive dans saint Grégoire de Nysse et dans saint Augustin, à une grandeur et à une logique rationnelle, dont sont bien loin les philosophes payens les plus puissants. Quand ensuite avec le grand XIIIe siècle paraissent Albert-le-Grand et saint Thomas, il semble que tous les voiles sont déchirés, que toutes les vapeurs sont dissipées : la notion logique de Dieu, de l'homme et de toutes les créatures parvient à une hauteur et une clarté de raison qui saisissent d'admiration.

On se débattra vainement contre cette histoire : elle est là manifeste, claire, irrécusable.

Les deux courants : l'un payen, qui n'a jamais

été détruit, l'autre chrétien, qui n'a pas encore triomphé dans tous les esprits, ont formé deux philosophies différentes : la philosophie phénominaliste, qui ne s'occupe que d'expliquer les phénomènes par la matière qui les traduit ; et la philosophie chrétienne expliquant les phénomènes de la nature par la manifestation des êtres que Dieu a créés et qui subsistent chacun dans la loi de leur type.

L'ancienne philosophie grecque ne s'occupait qu'à expliquer les phénomènes de la nature par les éléments matériels qu'on y trouve, par le feu, l'air' les nombres, les quatre qualités premières ; Pytagore, Thales, Empédocle ne voyaient point autre chose. Aristote nous témoigne quelle révolution se produisit quand Anaxagore enseigna qu'il y avait une intelligence, un principe spirituel, gouvernant le monde. Mais cette révolution qui produisit Socrate, Platon, Aristote lui-même, ne put jamais arriver à faire comprendre l'être à la philosophie grecque ; les plus spiritualistes des philosophes grecs percevaient une intelligence générale animant et réglant toutes choses, présente en toutes choses selon un mode particulier ; ce n'était qu'une vue lointaine et fausse de l'être. Ils ne pouvaient se débarrasser du panthéisme qui confond l'être particulier avec l'être créateur, et, où, par conséquent, on ne comprend ni l'être créateur ni l'être créé. Il leur fallait donc s'en tenir à expliquer les mouvements de la nature par le mécanisme matériel ; ils ne pouvaient arriver à trouver comment tout phénomène n'est qu'une manifestation d'être. Aussi les voit-on s'occuper incessamment des phénomènes comme de l'objet vraiment explicable par la science; et quand l'école de Socrate déclare que l'être seul est l'objet vraiment scientifique, vérité si admirablement affirmée par Platon et Aristote, c'est un dogme éblouissant qui demeure infécond. Aristote lui devra ses plus beaux travaux comme son maître, sans cependant parvenir à posséder l'idée complète de l'être, et sans en tirer ce qu'on devait trouver plus tard. Quoiqu'éclairés ils s'en tiennent à l'explication des phénomènes ; la logique n'est que le mécanisme du verbe; elle n'en comprend pas l'être; la physique n'est que le mécanisque phénoménaliste de la nature où l'idée d'être apparaît comme une lumière vacillante qui éclaire la nature en gros; l'éthique n'est qu'une étude des phénomènes moraux sans qu'on puisse y distinguer l'être qui les pourrait expliquer; enfin la métaphysique, le plus beau titre de gloire d'Aristote, parce qu'elle pose l'être comme l'objectif désirable de la science, n'est au réel qu'un signalement de ce qu'on cherche.

Au contraire, la philosophie chrétienne, qui sortait de l'Evangile, et plongeait ses racines dans l'enseignement et les traditions du peuple hébreux, posait du premier moment où elle s'affirmait, que l'être est l'objet vrai de la science, que le phénomène n'est qu'une manifestation de l'être, et que toute matière qui produit un phénomène n'est explicable dans son activité que par l'être dont elle est le corps. Dieu est l'Etre premier, l'Etre créateur, et toute la nature est composée d'êtres qu'ils a créés distincts dans leur ordre, dans leur genre, dans leur espèce; au ciel et sur la terre, l'homme, les animaux, les plantes, les pierres mêmes, tout est être; et tout mouvement, tout phénomène est la manifestation des puissances d'un être dans son être ou dans l'être d'autrui. Que le phénomène se traduise par la matière, dans la matière, son principe sera toujours l'être, l'esprit qui vit dans cette matière.

Du premier jour où l'Evangile a un interprète philosophe, du jour où parle saint Paul, pour ensuite continuer sans interruption à travers tous les temps, la philosophie chétienne ne cesse d'affirmer le fondement sur lequel elle est posée et d'où elle ne sortira jamais, à savoir que tout phénomène de la nature est la manifestation d'un être. Les siècles s'écoulent, les doctrines se succèdent, l'idée va se développant, montrant tout ce qu'elle contient, recevant successivement des clartés qui la rendent plus lumineuse: elle reste la même. Et quand au XIIIe siècle, les plus grands maîtres achèvent de formuler l'idée dans toute son ampleur et sa netteté, enseignant et démontrant que, dans toute chose, l'être est une puissance d'être qu'on nomme une Forme substantielle parce qu'elle est dans l'être le principe de ses puissances et le moule ou le mode sous lequel ses puissances peuvent se développer: alors la philosophie chrétienne a demontré définitivement selon la raison son principe et son fondement. L'idée première est arrivée à son summum de clarté et de lucidité, et de certitude démonstrative : nul phénomène ne peut dorénavant être expliqué sans la Forme substantielle qui est le principe d'être pour tout être de ce monde, le principe des puissances et des mouvements qui produisent tout phénomène.

Cette doctrine était d'ailleurs si juste, si précise, si admirablement la formule vraie des choses, qu'il n'y a pas eu moyen d'en sortir sans retomber desuite dans la philosophie phénoménaliste des grecs d'où cette philosophie chrétienne avait sorti l'humanité. Aussi, du jour où on s'en écarte, au XVIe siècle avec le développement des sciences physiques et naturelles, de ce jour on entre dans les explications des phénomènes par le mécanisme du mouvement matériel; et Gassendi, Descartes, ne font que faire revivre la théorie des atômes de Démocrite, ou celle des éléments d'Empédocle, ou celle des nombres de Pythagore. On ne voit plus dans les phénomènes que des mouvements communs d'une matière commune, où les lois mathématiques dominent tout, où l'être n'est plus rien.

Au XVIIe siècle, Leibnitz jette un cri de détresse qui restera dans l'histoire son plus grand honneur. Il voit qu'on erre, qu'on a perdu la doctrine, qu'on se perd dans des explications qui n'expliquent que la moitié des choses: il dit qu'on s'est à tort écarté de la doctrine des Formes substantielles, et qu'il faut y revenir sous peine de tomber dans un matérialisme qui ne pourra être qu'un savoir inférieur, et ne sera jamais la science. Mais, hélas! il n'eut point la force du mouvement de retour qu'il jugeait nécessaire pour ne point périr. Protestant, il entrevoit la vérité catholique, et la nécessité d'y retourner: savant, il voit aussi la vérité chrétienne, la doctrine catholique des Formes substantielles, et la nécessité d'y revenir: continuer la route, c'est périr, et reprendre la doctrine c'est se sauver; son cri se perdit dans le bruit des siences affolées d'expérimentalisme, et lui-même demeurera en dehors de la porte qu'il montrait du doigt.

Depuis, les sciences et la philosophie ont continué leur route dans la voie des explications purement phénoménalistes, pour aboutir au système *positiviste* qui est la formule achevée de la philosophie phénoménaliste, où non seulement on ne s'occuppe plus de l'être, mais où on le nie, posant scientifiquement qu'il n'y a dans le monde, dans la nature, que des phénomènes et des lois génériques qui y président. La conséquence était forcée et fatale: du moment où on ne voit plus l'être engendrant les phénomènes, l'être n'existe pas, et dans le phénomène il n'y a que de la matière, du mécanisme, du mouvement qui suit des lois matérielles.

CHAPITRE III

La rénovation chrétienne du XIXe siècle ramène forcément la doctrine des Formes substantielles.

Lorsqu'avec notre siècle la rénovation chrétienne apparaissait, on pouvait prévoir que la doctrine des Formes substantielles serait reprise. Elle est, au point de vue scientifique et doctrinal, l'aboutissant inéluctable de l'esprit chretien, comme le matérialisme, sous les noms de positivisme, de sensualisme, de paganisme, est la conclusion fatale de ce qui n'est pas chrétien.

Certainement les premiers grands esprits qui ont ramené notre siècle dans la vie chrétienne, comme de Maistre, de Bonnald, n'entrevoyaient point encore que la rénovation à laquelle ils travaillaient dût avoir pour formule scientifique la reprise de la doctrine des Formes substantielles; et cependant c'était là que leurs efforts devaient avoir leur consécration. Ils parlent de l'autorité, cette accentuation de l'être; ils parlent du spiritualisme, le souffle de l'être; ils montrent Dieu et l'homme, et dans l'homme l'âme, l'expression la plus élevée de son être; mais ils ne sauraient encore enseigner que cette âme est une Forme substantielle ; ce n'était pas le moment, ils eussent été incompris.

Mais ce retour à la vue de l'autorité, de l'esprit, de Dieu, de l'homme dans son être, dans son âme, fait revivre le souvenir des anciens grands penseurs chrétiens ; et on commence à considérer d'un œil ami et admirateur ce moyen-âge qu'on croyait si loin et si barbare. On évoque ces maîtres qu'on ne connaissait plus pour voir comment ils étudiaient et comprenaient ces grands problèmes de l'esprit que notre temps veut agiter. Saint Anselme, saint Bernard, Albert-le-Grand, saint Thomas d'Aquin, Scott, et, parmi tous, saint Thomas comme le plus grand et le plus achevé ! Des professeurs à-demi spiritualistes, comme Cousin, sont entraînés dans le courant ; ou de simples érudits comme Jourdain apportent le concours de leur étude pour faire revivre ces anciennes connaissances. En même temps on réimprime ; et l'abbé Migne remet au jour les monuments de la doctrine catholique.

Oui, l'homme n'est pas simplement une matière ; oui, l'âme est quelque chose ; oui, Dieu est l'Etre créateur, et, au-dessous de Lui, sont les êtres créés par Lui : oui, le monde n'a pas que des mouvements matériels, mais aussi des mouvements qui ne s'expliquent point sans l'esprit : voilà les premières affirmations qui réapparaissent, qui prennent racine dans les intelligences, qui viennent soutenir les croyances et les pratiques religieuses renaissantes. Mais, cela est bien vague encore; il semble que la lumière nouvelle n'éclaire encore que les premières couches de l'intelligence. Toutes les questions principales sont posées, mais on n'en voit bien que l'ensemble.

Bientôt, cependant, cette lumière arrive à des couches un peu plus profondes, un nouveau pas est fait : on comprend, ou plutôt on commence à comprendre qu'il y a une doctrine chretienne, que la religion n'est pas seulement la foi qui sauve, qu'elle est aussi la foi qui éclaire ; que la lumière n'éclaire pas seulement le sentiment et la morale, qu'elle illumine aussi les intelligences, et que les sciences ne peuvent être vraies si elles sont opposées dans leurs enseignements à l'enseignement chrétien. Le grand mot est lâché : il y a une science chrétienne à retrouver, à faire revivre ; et cela devient un mot d'ordre pour la jeune armée qui se forme.

En France, vers 1840, de jeunes hommes adonnés aux sciences suivaient, émerveillés par les charmes de la parole, l'éloquent P. Lacordaire. C'était parmi eux un courant d'esprit qu'il fallait reprendre saint Thomas et l'étudier comme le maître de la vraie doctrine ; lorsque déjà dans l'école philosophique de Buchez on s'essayait à bégayer la langue scolastique. Un des amis du R. P. Lacordaire, le collaborateur de Buchez, dont l'école philosophique était également thomiste, M. Roux-Lavergne donnait bientôt une nouvelle édition du manuel de philosophie thomiste de Goudin. Le Dr J.-P. Tessier, tout à la fois disciple chez Buchez, et chrétien, sous le P. Lacordaire réunissait de jeunes médecins auxquels il redisait toutes ces aspirations thomistes, et s'inspirait avec eux de la doctrine de l'âme Forme du corps. Enfin le P. Ventura, venu en France, après 1848, apporta chez nous les échos d'un mouvement analogue produit en Italie, mais il les redit avec une lucidité, un éclat qui dépassait ce que nous avions entendu, et vulgarisa dans toute sa clarté la doctrine des Formes substantielles.

A ce moment, tous les chrétiens qui suivaient l'évolution du courant sur lequel nous voguions, ne pouvaient plus se faire une idée de l'homme différente de l'idée qu'enseigne la science chrétienne. L'homme est fait d'une âme intelligente unie à un corps matériel, comme la Forme est unie à la matière ; et tout, dans la nature matérielle ou vivante, est composé d'une Forme substantielle et d'un corps matériel : les animaux, les plantes, les pierres même. Dieu a fait des êtres, et ces êtres ont leur principe d'être dans leur Forme substantielle : voilà l'idée mère, l'idée capitale qui s'empare des intelligences.

Pour tout esprit clairvoyant, il n'y avait pas d'erreur possible ; une grande révolution dans les sciences était nécessaire et imminente, et cette révolution devait commencer par la médecine qui tient la tête de toutes les sciences naturelles. D'abord on avait reconnu que tout s'expliquer dans la nature par les propriétés de la matière, c'est se tromper ; on avait dit et répété que la vie ne peut s'expliquer que par un principe de vie, l'âme ou un principe vital ; on était déjà redevenu chrétien, animiste ou vitaliste. Maintenant on faisait un pas de plus dans la voie vraie, on devenait substantialiste, on comprenait qu'il ne suffisait pas d'invoquer l'âme ou un principe de vie, qu'il faut de plus affirmer que ce principe est l'unique principe de l'être dont il est la Forme substantielle.

En médecine il y avait, il y a toujours eu un certain nombre de médecins chrétiens croyant à l'existence et à l'immortalité de l'homme comme ils croient en Dieu. Mais beaucoup ne pouvant s'expliquer comment l'âme substance spirituelle peut mouvoir le corps, admettaient un tiers principe, nommé *principe vital,* d'une nature assez vague et assez douteuse, auquel ils rapportaient toute la vitalité du corps. Cette doctrine issue jadis du Scottisme. et qui même remontait plus haut encore, à des préoccupations manichéennes, se rattachant par des liens secrets au manichéisme des Albigeois et de leurs sectes multiples, comme au manichéisme d'Averrhoès, cette doctrine avait été remise en honneur par le Dr Barthez à l'école de Montpellier, où elle avait trouvé des défenseurs habiles dans Bérard de Montpellier et Lordat. Au moment où Barthez la remit à jour, au commencement de ce siècle, on ne voyait pas encore bien clair dans ces questions, et on la reprit comme une doctrine chrétienne ; elle rétablissait le rôle de l'âme dans la science de l'homme, le rôle de l'esprit dans la nature des êtres; c'était considérable. C'était là le premier courant animiste ou vitaliste qui se rattachait aux deux grands penseurs qui ouvrent ce siècle, de Maistre et de Bonald.

Malheureusement cette doctrine était manifestement hérétique en insinuant deux principes dans l'homme; elle avait été condamnée deux fois par l'Eglise en 1313 au concile de Vienne, et en 1515 au concile de Latran. Le P. Ventura nous enseigna en France ses dangers et nous fit voir comment elle était entrée dans l'erreur en s'écoutant de la véritable doctrine de l'Eglise qui établit que l'âme est la Forme substantielle du corps; et c'est alors que le mouvement s'épura dans son spiritualisme pour devenir substantialiste.

Par un surcroît de bonheur pour les esprits qui aiment la vérité, un philosophe allemand, Gunther, venait de reprendre maladroitement cette doctrine des deux principes, et en 1854, le Saint-Père la condamnait à nouveau en rappelant qu'elle était déjà condamnée par l'Eglise.

Le Dr J. P. Tessier qui suivait avec tant de soin ce mouvement de rénovation catholique, qui avait fait partie de l'école de Buchez et avait été le disciple du P. Lacordaire et du P. Ventura se résolut (1855) à fonder un journal médical pour rétablir en médecine la doctrine chrétienne des sciences. Il saisit avec ardeur cette condamnation de Gunther pour accentuer le sens précis de son œuvre, et prit pour Epigraphe ces paroles de la Bulle pontificale : *Noscimus... Laedi catholicam sententiam ac doctrinam de homine, qui corpore et anima ita absolvatur, ut anima, eaque rationalis, sit vera per se, atque immediata corporis forma.* (*L'Art médical, Iournal de médecine générale et de médecine pratique,* 1855, continué depuis.)

Enfin la véritable doctrine de l'être était posée. Mais qu'il restait encore à faire ! Une première lutte était inévitable. Le Dr Tessier et ses amis dans *l'Art médical,* le Dr Sales-Girons dans la *Revue médicale* du Dr Cayol, mais ce dernier avec moins de netteté, ce me semble, quoiqu'avec autant d'ardeur, soutenaient la formule catholique élaborée scientifiquement dans saint Thomas, affirmée doctrinalement par l'autorité infaillible de l'Eglise. C'était un mouvement trop puissamment accentué pour qu'il demeura sans émouvoir les médecins de Montpellier, où le vénérable Lordat, disciple de Barthez, et chrétien éprouvé, vivait encore. Il y avait là des hommes de bonne foi se voyant tout à coup déclarés dans l'erreur : leur émotion était bien naturelle. Ils prirent pour s'expliquer occasion d'un mémoire lu (1857) à l'Académie des sciences morales et politiques par M. Bouiller, professeur à la Faculté des lettres de Lyon, et qui montrait l'unité de l'âme pensante et du principe vital. Plusieurs personnes s'engagèrent dans la discussion, le Dr Pize, le Dr Jaume, M. Richard de Laprade, venant tous à la défense de Montpellier, pendant qu'à Paris nous tenions pour la formule expresse de la doctrine. En 1862, M. Bouiller publia son livre, *Du principe vital et de l'âme pensante, ou Examen des diverses doctrines médicales et psychologiques sur les rapports de l'âme et de la vie,* où toute la tradition philosophique se trouvait analysée avec un grand soin et où apparaissait en toute clarté que la doctrine de l'Eglise était non seulement vraie pour la Foi, mais vraie aussi pour la raison.

Cependant, la doctrine formulée n'avait pas encore pris corps dans la science. Il fallait tenter d'en montrer la valeur en la mettant aux prises avec tout ce que la science moderne peut donner de connaissance sur la nature de l'homme; il fallait non simplement la prendre comme épigraphe, mais comme moule de la science de l'homme; en un mot, il importait de constituer un traité de la science de l'homme, une *Anthropologie* ou *Physiologie générale* dont la doctrine des formes substantielles fut la lumière, le guide et l'inspiratrice. Dès 1855, Tessier m'avait engagé à ce travail auquel il me croyait apte en raison de mes études antérieures, et que je fis paraître en janvier 1863, six mois après sa mort.

Au moment où ce livre paraissait, on nous apportait d'Italie un livre du R. P. Liberatore, S. J., intitulé *del Composto umano*, venu au jour quelques mois plus tôt en 1862, et qui montrait qu'en Italie un même mouvement doctrinal s'était produit. Après les philosophes simplement spiritualistes, comme Galuppi, Rosmini, Gioberti, le courant de retour vers la scolastique s'était fait. Un chanoine de Naples Sansévérino, dont nous connaissons trop peu les ouvrages avait été le maître d'une école où le P. Ventura avait puisé. Le P. Kleutgen qui a donné deux ouvrages si remarquables sur la *Philosophie scolastique* et la *Théologie scolastique*, et le P. Libératore qui a donné des *Institutions Philosophiques* et deux volumes sur la *Connaissance intellectuelle*, sont des représentants très-éminents de cette école italienne qui a fait retour aux doctrines philosophiques de saint Thomas.

CHAPITRE IV

Difficulté d'interprétation qui surgit et les débats qu'elle amène.

Le courant de rénovation chrétienne qui sera la gloire de notre siècle, a donc suivi son mouvement d'évolution avec une régularité parfaite. Au premier moment, dès que l'esprit souffle, en ranimant la Foi il réveille les intelligences, et les grandes questions se posent pour la raison en même temps que les grands problèmes remuent les cœurs. On sent qu'il faut non-seulement que la Foi nous ranime, qu'il faut aussi que l'esprit nous éclaire; que l'Evangile n'est pas seulement une lumière pour les destinées, qu'elle est aussi une lumière pour les sciences, que tout dans l'homme doit être retrempé dans l'esprit nouveau, aussi bien son intelligence doctrinale que son intelligence pratique; et on n'entend plus qu'un cri: *Instaurare omnia in Christo*. Donc, debout, debout partout, et que les sciences aussi se lèvent, qu'elles sortent du matérialisme où elles se traînent dans l'interprétation des phénomènes. La vie de la matière est dans l'esprit qui l'anime, les phénomènes qu'elle manifeste sont des effets des êtres qui la font vivre:

Dieu a créé des êtres, non des phénomènes seulement; ce sont des êtres qu'il faut connaître, qu'il faut comprendre; ce sont les êtres qu'il faut saisir dans l'esprit qui les vitalise. Une philosophie nouvelle doit naître, la philosophie de l'esprit qui est la philosophie de l'être, la philosophie chrétienne. Et alors, l'intelligence chrétienne éclairée comprend que l'esprit de l'être c'est sa forme substantielle telle que l'ont étudiée les grands maîtres de la scolastique, que la philosophie à suivre c'est la philosophie si supérieurement élucidée par ces maîtres, en particulier par saint Thomas, que le terrain où elle se pose dans toute sa clarté est celui de la nature de l'homme, et que sa doctrine se résume dans la doctrine des Formes substantielles sanctionnée par l'autorité infaillible.

Si le lecteur a bien voulu me suivre patiemment jusqu'ici, je pense qu'il ne lui reste aucun doute sur la légitimité et la marche régulière du mouvement qui s'est accompli. Il importe d'ailleurs que tout cela soit clair pour l'intelligence, car d'autres difficultés vont commencer et nous ne saurions nous y retrouver si nos premiers points de repère n'étaient nettement posés et compris.

Cette doctrine des Formes substantielles pose que dans tout être de ce monde, dans l'homme par exemple, la Forme principe de vie, est unie au corps comme dans un cachet formé l'empreinte du cachet est unie à la cire : l'empreinte ne peut figurer sans la cire, il lui faut cette cire pour se manifester ; et la cire sans l'empreinte n'est que de la cire, ce n'est pas un cachet. Le principe d'être donne à la matière sa forme d'être, lui donne l'être sous cette forme. Mais, dans cette union d'un principe d'activité avec sa matière, quel est le rôle de chacun des conjoints? C'est ici que la dificulté commence.

Cette difficulté était apparue au XIIIe siècle, comme je l'ai indiqué plus haut. Dès après saint Thomas, Scott l'avait vue. Devant elle s'était heurté le double courant thomiste et scottiste et elle reparaît comme elle s'était présentée, avec les mêmes angoisses, je ne veux point dire les mêmes luttes. Il semble que nous soyons appelés à résoudre ce nœud gordien qui a été la pierre d'achoppement pour les sciences au XVIe siècle; la solution qu'on n'a pu donner à ces sciences, et faute de laquelle s'est produit leur versement dans le matérialisme, redevient le souci de notre temps; c'est pour les ramener que cette solution à trouver incombe à notre époque.

C'est l'âme qui donne la vie au corps de l'homme; c'est sous sa dépendance que les matières prises de ci, de là, prennent la forme de chair; mais au moment de la mort, lorsque l'âme quitte le corps, comment les éléments matériels conservent-ils encore leur forme de chair pendant quelque temps? N'est-ce donc pas que le corps est quelque chose par lui-même et a en lui-même un principe de subsistance propre?

Alors la question s'étend pour s'embarrasser d'avantage. L'homme est un être dont le corps est composé, mais les corps bruts sont également formés de Forme et de Matière; on comprend qu'ils ont leur être, leur qualité, que, par conséquent, ils doivent avoir un principe d'être qui les maintient dans ce qu'ils sont, le générateur des activités qu'ils produisent. Or, quelle est la matière de leur corps? une matière première; en quoi consiste-t-elle? quel est son rôle? Cette matière première a-t-elle par elle-même une subsistance, ou n'est-elle qu'un pur rien? Si elle est quelque chose, elle a donc un principe d'être qui lui donne d'être quelque chose de confusément déterminé; et la Forme substantielle s'y surajoute pour donner une forme d'être déterminée, précise, définie?

On voit comment tout se complique et devient difficile. Remarquons d'ailleurs qu'on aimerait à éclairer la question des corps composés par celle des corps simples; on voudrait voir quel est le rôle du corps vis-à-vis l'âme dans l'homme, en voyant ce qu'est la matière de l'or par exemple vis-à-vis la Forme substantielle de l'or. Malheureusement les corps simples sont indécomposables: les corps composés se détruisent; les corps vivants perdent leur âme et meurent; les corps simples subsistent ce qu'ils sont sans s'altérer, pouvant s'unir entre eux et se désunir, sans que leur forme se sépare jamais de leur matière première. De sorte que, lorsqu'on voudrait comprendre les corps composés par les corps simples, on se voit au contraire obligé de comprendre les corps simples par les corps composés.

On reconnait alors qu'il y a bien là le sujet des deux interprétations différentes qui portent le nom des deux grands maîtres du moyen-âge sous lesquels la question s'est posée, le *thomisme* et le *scottisme*; on comprend en même temps qu'il faut difinitivement se rattacher exclusivement à l'une d'elles, ou trouver une solution commune qui les embrasse toutes deux.

Les philosophes qui ont voulu s'en tenir à saint Thomas, et pensent que sa doctrine suffit, déclarent que l'âme, ou Forme substantielle, est le principe même de l'être, et que c'est lui qui doit tout expliquer. Leur raisonnement est d'une logique très-serrée, et il faut le bien peser parce qu'il est tellement important qu'il n'y a presque rien à redire : c'est un bloc dont on peut changer la signification comme je le montrerai, mais qui, en lui-même, est bloc inattaquable. On pose donc que l'âme est le principe actif qui donne la Forme d'être et par cela même l'être ; ce qui est avéré puisque les éléments matériels du corps ne peuvent par eux-mêmes former les corps. S'il y avait un principe de subsistance corporel, distinct de l'âme, ce principe serait celui de l'activité ; ou, si on admet qu'il ne peut rien sans l'âme, c'est l'âme qui est le principe actif et qui l'annihile. Voudra-t-on dire qu'il est quelque chose en même temps que l'âme, alors il y a deux principes d'être, ce qui est contraire à l'unité de l'être; l'unité d'ativité exige qu'il y ait unité des principes ; s'il y a deux principes le plus fort annihile le plus faible. C'est donc l'âme et l'âme seule qui est le principe d'être, le principe d'activité, et qui engendre, par son union avec le corps, toutes les puissances du composé. Il est vrai que cet être développe beaucoup d'activités que l'âme ne pourrait produire seule, qu'elle ne peut produire qu'avec le corps ; elle ne peut faire la nutrition qu'avec des organes de nutrition, la sensibilité avec des organes de sensibilité, la locomotion avec des organes de mouvement : mais c'est elle qui est le principe de l'acte et l'acte est le produit de son union avec le corps.

Rationnellement, aussi bien que selon la foi, cette doctrine est un bloc inattaquable, elle subsiste sans qu'on puisse la réfuter; mais elle laisse le champ à des interprétations différentes qui renouvellent la difficulté.

En effet la raison vaincue n'est pas convaincue, et il subsiste en elle un fond de résistance qui lui fait dire que le corps est cependant quelque chose, et que les éléments matériels qui entrent dans sa composition y ont leur rôle. Alors, l'intelligence conçoit que la doctrine est sans doute vraie, mais qu'il faut l'interpréter; qu'elle peut embrasser la vérité principale de la question, mais qu'elle laisse échapper d'autres vérités secondaires; parce qu'à coup sûr les éléments qui entrent dans la composition du corps y ont leur rôle et doivent, par cela même, y avoir leur activité qui est inexplicable sans un principe propre.

Il est certain que la doctrine des Formes substantielles, telle que l'expliquent les thomistes, rend très-bien compte du rôle de l'âme, mais ne rend point compte du rôle du corps; il y a là un *desideratum* et une insuffisance. C'est devant cette insuffisance que le scottisme, attribuant une valeur d'activité au corps, devint un échec pour la doctrine au XVIe siècle, et permit au matérialisme de s'infiltrer dans le débat et de faire écarter, pour tant de temps, le rôle du principe d'être. Du moment où le principe d'être n'explique pas le jeu de la matière qui se produit sans lui, c'est qu'il est infécond pour les sciences, et la tendance naturelle est alors d'expliquer tous les mouvements matériels purement et simplement par les propriétés de la matière. C'est ainsi que, comme je le disais en commençant, le débat entre les thomistes et les scottistes n'ayant pu aboutir définitivement lorsque les sciences modernes firent explosion au XVIe siècle, ces sciences abandonnèrent tout spiritualisme, n'y voyant qu'un sujet de débats sans issue, et se lancèrent dans le matérialisme.

Longtemps je considérai cette difficulté comme insoluble pendant que je travaillais à mon *Traité d'anthropologie,* et je fus prêt d'abandonner le sujet. Je ne pouvais me dissimuler la question et je ne saurais jamais dire les angoisses que j'y éprouvais. La doctrine est vraie, cela est incontestable; mais telle qu'elle est, elle est inapplicable; elle demeure dans la région des doctrines supérieures, elle ne pénètre pas la science naturelle, elle ne la saurait pénétrer. Tout mouvement est matériel dans son phénomène, spirituel dans son point de départ. Quand j'aurai marqué son point de départ, il faudra expliquer le phénomène par le mouvement de la matière; et, dès lors, la science est scindée en deux parties: l'une supérieure qui évoque l'être, mais ne sait dire comment il traduit son être, l'autre inférieure qui néglige l'être comme inexplicable et qui résume la science dans le mécanisme matériel. Quand donc nous nous serons épuisés à dire que la science ne tient pas compte de l'être, nous nous ferons dire que notre être n'explique rien, et nous serons obligés comme les matérialistes d'expliquer le mouvement matériel par la matière. Alors à quoi sert notre revendication de l'être et de l'âme? Faudra-t-il donc laisser la question spiritualiste aux théologiens, et la science à son matérialisme, comme on l'a dit : ce ne peut être là la vérité ; car, dans l'unité de ma pensée, je ne saurais croire à des vérités d'un côté, et à des contre-vérités d'un autre côté, tout à la fois.

Enfin je crus entrevoir une solution possible de la difficulté en posant, d'une part, la doctrine spiritualiste qui est inattaquable, et en concevant, pour le corps, une activité de possibilité, de sorte que les éléments matériels ont bien réellement leur activité propre, mais une activité qui se transforme, qui se transmute sous l'étreinte de la Forme substantielle. De ce point de vue il me semblait que la question prenait une toute autre face, que la doctrine subsistait entière, et qu'en même temps le fait de l'activité matérielle était, mais sous un sens nouveau, légitime et explicable. C'est bien la forme qui donne l'être nouveau et toutes ses activités à la matière, de manière que toute la vie vient bien de l'âme ; mais la matière ne perd pas son être et son activité en devenant matière vivante ; elle prête son être et son activité à une puissance supérieure qui les transforme et, pour ainsi dire, les *sublimise*. C'est sous ce point de vue que j'écrivis mon *Traité d'anthropologie*, et j'employai pour me faire entendre le mot que je viens de souligner.

Mais en même temps que le livre *del Composto*

umano nous arrivait en France, le mien parvenait en Italie (les deux ouvrages étaient parus à quelques mois d'intervalle), et le R. P. Liberatore, frappé d'un travail qui rentrait par tant de côtés dans sa voie, était en même temps ému de la dissidence où je me plaçais. Il pensa sans doute que la question était trop sérieuse pour ne rien dire, et il daigna me consacrer un très-long article dans un numéro de la *Civilta cattolica,* du 6 d'août 1864, avec beaucoup d'éloges, dont j'eus lieu d'être singulièrement honoré de la part d'un maître aussi éminent. Il ne dissimula point la peine qu'il éprouvait à me voir adultérer la doctrine thomiste que je défendais en même temps avec une si grande ardeur. Il soutint que l'âme, Forme substantielle, unie immédiatement au corps, ne permet pas d'admettre des puissances intermédiaires, et que la subsistance des Formes substantielles des éléments matériels dans le corps constituerait des puissances intermédiaires entre l'âme et le corps; ne s'apercevant pas qu'il raisonne constamment sur une équivoque, en donnant la qualité de corps à une prétendue matière première que personne n'a jamais pu isoler. Ce n'est pas un mythe que le corps; ce n'est point une abstraction; c'est une réalité tangible et subsistante en elle-même; ce n'est point une matière première qu'on ne comprend que par une abstraction de l'esprit, c'est un composé d'éléments matériels, et la doctrine catholique ne dit point que l'âme est unie à la matière première, mais au corps. L'âme est bien la Forme substantielle du corps qui est un composé; on ne dit pas qu'elle est la Forme des éléments formant ce composé pris en eux-mêmes. Il y a là une distinction nécessaire sur laquelle on ne cesse de jeter une confusion.

Le débat soulevé par le R. P. Liberatore était trop considérable pour demeurer éteint dans cette vigoureuse attaque; car, malgré les fleurs dont on couronnait l'auteur du *Traité d'anthropologie*, il était évident qu'on en faisait une victime sur l'autel du thomisme. Mais on peut vénérer saint Thomas sans être thomiste, et le thomisme a des adversaires. Le P. Ramière, qui rééditait à ce moment la philosophie du P. Tongiorgi, n'était point fâché, ce semble, de montrer comment, au moins sur un point précis, le thomisme prête le flanc à des dissentions; et, dans deux articles de la *Revue des sciences ecclésiastiques* (Nos du 20 septembre et du 20 octobre 1864), sur la *Matière et la Forme*, il résuma le débat soulevé avec une grande intention d'impartialité en même temps qu'avec une répugnance effective pour l'opinion thomiste; il le fit à l'adresse de M. le chanoine Sauvé, de Laval, qui, sous le pseudo-signature de F. J., avait été dans la *Revue* un vulgarisateur très-éloquent et très-érudit des œuvres du P. Liberatore et du chanoine Sanseverino.

M. le chanoine Sauvé, je veux dire M. F. J., répliqua au P. Ramière dans deux articles de la même *Revue* (N° de janvier et février 1865). Le 20 mai, trois mois plus tard, le P. Ramière donnait un dernier mot dans la même *Revue;* et, le 20 novembre, toujours la même année et dans la même publication, M. F. J. donnait un très-long et très-confus article pour réplique définitive. Le P. Ramière me fit intervenir très-longuement dans le débat dont j'étais innocemment la cause. Mais M. F. J. évita très-soigneusement ce semble de me nommer, encore bien qu'il prît pour objectif précis de répondre aux arguments que j'avais posés et dont le P. Ramière m'avait laissé la responsabilité.

Cependant je demeurais dans le silence. Je préférais laisser mûrir la question, m'en rapportant momentanément à ce que j'avais écrit. Un instant ébranlé d'avoir ainsi touché innocemment et fait partir la foudre, car il n'y a que les innocents pour faire de ces coups, je fus vite remis par des adhésions de personnes considérables, et, dans le nombre, des religieux dont j'aimais et je respectais l'autorité. Je citerai entre autres, parce qu'il est mort, le vénéré P. de Lehen, S. J., dont le nom était synonyme de haute et sainte doctrine. Ce bon et savant religieux me recommandait de consulter « comme un résumé de la philosophie scolastique excellent et bien préférable à Goudin, le livre intitulé : *Philosophia quadripartita*, par Eustache de Saint-Paul, bénédictin du temps d'Henry IV. Il suit en général la doctrine de Suarez et des Coïmbriens, en laissant de côté les singularités que l'école, dite thomiste, a souvent imposées à saint Thomas. » Il me citait également la *Philosophia peripatitica* du P. Mayr, comme soutenant la même doctrine différente du thomisme. Je reviendrai plus loin sur ces citations.

Malgré les reconforts que je recevais, je crus plus sage de laisser l'opinion débattre la question, pour n'y intervenir de nouveau que plus tard. Mais je crus utile d'éclairer plusieurs points secondaires qui s'y rattachent, et c'est ainsi que je publiai successivement les mémoires suivants : *Averrhoës et l'averrhoïsme,* dans la *Revue du monde catholique* (N[os] de juin et juillet, 1864,) où, à propos du livre de M. Renan, j'établissais le sens manichéen et judaïque de l'interprétation aristotélique dans les écoles arabes. — *Des facultés de l'âme et de l'unité de l'homme,* dans le *Correspondant* (N[o] de septembre 1865), pour montrer la revendication nécessaire de la doctrine des Formes substantielles, et que le directeur de la *Revue* fit suivre malicieusement d'un article sur le *Cheval et le cavalier*, qui devait servir à me refuter; — *Du passage de la psychologie d'Aristote à la psychologie des philosophes chrétiens,* dans la *Revue du monde catholique* (N[os] de juin et juillet 1866), où je cherchais à montrer comment les philosophes chrétiens avaient bien plutôt arrangé et complété Aristote qu'ils ne l'avaient traduit. — Enfin trois autres articles dans la même *Revue,* et qui furent réunis en brochure, sous ce titre : *De la scolastique à la science moderne,* 1865, pour établir comment le mouvement théologique avait été une préparation aux sciences d'observation modernes.

Je ne saurais citer tous les travaux que souleva ce débat; les uns inspirés par l'Ecole de Montpellier, comme celui de M. H. Philibert, docteur en lettre (*Principes de la vie, suivant Aristote,* Paris, 1865); d'autres qui cherchaient une voie de conciliation, comme le R. P. Hilaire, des Frères Mineurs qui, dans sa *Théologia universalis,* Paris et Lyon, 1869, a consacré toute la moitié de son second volume à élucider cette grave question; et qui y est revenu dans un article de la *Revue du monde catholique*, 1870, intitulé: *Principes de la composition des corps*. Il faut encore citer *Les penseurs du jour et Aristote* par Roaldès, prêtre (1869), où l'auteur me reprochait aussi de manquer la doctrine de saint Thomas. Je n'ai point d'ailleurs la prétention d'avoir tout lu, ni même tout connu. Un jour viendra où quelque amateur saura retrouver ce que ma négligence a pu laisser passer; je ne fais qu'un historique abrégé.

Cependant, on me pressait d'expliquer plus en détail ce que j'avais condensé dans l'*Anthropologie*, et, parmi mes amis, un entre autre m'y pressait vivement, homme jouissant d'une haute et très-légitime réputation de grand savoir et de grand jugement dans la presse catholique, dont la mort a causé des regrets universels, et que ceux qui l'ont connu ont aimé pour ne l'oublier jamais, M. Melchior *du Lac*, rédacteur de l'*Univers*. Il se chargea de publier dans ce journal, l'article de la*Civiltà cattolica* et ma réponse (Nos du 9 et 11 août et 8 septembre 1867).

Quelques mois plus tard, le R. P. Liberatore donna dans la *Civiltà cattolica* une réplique à laquelle je fis également une réponse (*Univers* du 5 et du 13 juin 1868). Je m'en tenais à l'application de la doctrine à la physiologie, et, de plusieurs côtés, il me revint que cette réponse paraissait décisive. Il ne semble pas cependant que le R. P. Liberatore en ait été aussi touché, car, dans la deuxième édition du *del Composto umano,* paru vers la fin de 1875, il a bien voulu me consacrer un chapitre pour combattre *ex-professo* l'opinion que j'avais émise. Peut-être parviendrais-je par ce nouveau mémoire à la rallier définitivement pour la plus grande gloire de notre maître commun, saint Thomas.

Au moment où je mettais ce travail sous presse, j'apprenais que le R. P. Palmieri, professeur au collége Romain, a publié récemment un important ouvrage, où il se sépara du R. P. Liberatore pour se rapprocher de l'opinion que j'ai émise. Je regrette de ne l'avoir point encore lu, mais je constate avec bonheur cette adhésion.

CHAPITRE V

Le fond du débat et le rôle de la matière.

Quand une question se présente difficile et avec des opinions diverses pour l'expliquer c'est souvent qu'on ne la voit qu'à la surface ou par des côtés mal raccordés ; on n'en est vraiment le maître que lorsqu'on l'a transpercée dans tous les sens, et qu'alors surtout qu'on a reconnu le terrain sur lequel elle repose. Faisons application de cette méthode à la doctrine des Formes substantielles, et nous reconnaîtrons qu'en effet il y a des côtés de cette question qui n'ont point été élaborés; que le fond même n'a pas été suffisamment reconnu.

De quoi s'agit-il ? On a vu que tous les êtres vivants et les corps inorganiques sont composés de deux principes : l'un, principe de l'être dans les activités qu'il déploie, qu'on nomme principe formel ou *Forme substantielle;* et l'autre, principe de la matérialité de l'être vivant ou du corps inorganique. On a reconnu que ces deux éléments composants de l'être sont unis intimement et immédiatement l'un à l'autre, et que l'être, dans sa manière d'être, dans les puissances qu'il déploie, résulte de leur conjonction. Mais on ne pouvait s'en tenir là, l'intelligence humaine, soucieuse de pénétrer la nature des choses ne pouvait se contenter de cette première connaissance, et devait inévitablement se demander si elle ne pourrait pas pénétrer la nature et le rôle de chacun des conjoints.

C'était dans l'ordre qu'on voulut d'abord scruter la nature et le rôle du premier principe, de la *Forme substantielle,* principe premier en dignité, et premier par son importance. Il suffisait d'entrevoir le rôle secondaire du second élément pour se donner entièrement à l'étude du premier. D'ailleurs, le nombre et l'importance des questions qui se rattachent à la connaissance de notre âme immortelle attiraient bien autrement l'attention que notre élément matériel, qui doit se décomposer à notre mort. Toutefois, en notre qualité de chrétiens nous ne saurions traiter légèrement ce corps qui, après tout, fait partie de notre être et que nous espérons reprendre au jour de l'honneur après l'avoir traîné aux jours de travail. Si donc nous avons accordé la première attention à notre âme, nous devons la seconde à notre corps.

La première question de la nature de l'homme, et légitimement la première, est donc celle de l'âme, et, de là, dans l'ordre des temps, le grand travail auquel devaient se livrer les philosophes chétiens. Le temps de la scolastique, qui est la véritable époque de constitution de la philosophie chétienne, lui était destiné. Alors, en effet, on établit sous l'égide de l'Eglise, on démontra à la raison et par la raison la nature spirituelle et immortelle de l'âme, son rôle de *Forme substantielle* unique de l'être, principe de la vie et des activités de cet être, unie intimement et immédiatement au corps qu'elle informe et vivifie, c'est-à-dire auquel elle donne une forme vivante.

Mais, cela posé, une seconde question, celle de la nature et du rôle du corps commence. Il n'y a pas à craindre qu'elle soit oubliée, Dieu préside au développement de l'intelligence humaine; Il a veillé à ce que la question de l'âme fut posée et résolue la première parce qu'elle devait être d'abord élaborée; maintenant la question du corps doit arriver, et elle arrive. D. Scott la pose, et toutes les sciences naturelles sont à la porte, attendant le moment d'éclore tour à tour pour exécuter le travail nécessaire qu'elle réclame. Mathématique, astronomie, physique, chimie, anatomie, physiologie, sciences naturelles, tout a son heure, son temps marqué, son travail apprêté. L'histoire en est merveilleuse et frappe d'étonnement; le doigt de Dieu sillonne chaque phase de son évolution!

La question se pose donc naturellement ainsi: le rôle de l'âme est connu; quel est le rôle du corps matériel de l'être.

Nous avons tant accordé à l'âme qu'il semble, au premier abord, que le corps ne soit rien qu'un élément purement passif, peut-être même un rien du tout, car l'âme paraît être tout l'être. Si nous écoutons les hommes qui ont recueilli l'enseignement de saint Thomas, le grand maître de la doctrine sur l'âme, c'est bien là ce qu'ils nous enseignent. Cependant, D. Scott se lève pour protester que le corps est bien quelque chose et il formule cette objection si considérable, que le corps, après que l'âme l'a abandonné, conserve son entité charnelle dont on ne peut expliquer la courte substance que par un principe propre. « L'âme échappant, le corps « demeure, et il devient nécessaire d'admettre dans « tout être animé une forme par laquelle le corps « est le corps, différente de la forme qui l'anime. « Je ne parle pas de celle par laquelle le corps « est un individu du genre. Car, tout individu a un « corps selon sa forme, et le corps a sa capacité « selon son genre; mais je parle du corps comme « partie du composé; et, par là, en effet, il n'est « pas individuel et spécifique dans le genre, ni dans « le genre de la substance qui est supérieure; mais « seulement par réduction. D'où le corps, qui est « la partie restante de l'être sans l'âme, a, par consé- « quent, une forme propre distincte de l'âme. Et ainsi, « cette forme est nécessairement autre que l'âme; « mais ce n'est pas un individu corporel, c'est seu- « lement par réduction comme une partie; de même « que l'âme séparée n'est pas une inférieure de la « substance mais seulement une réduction » (1). Sans

(1) Forma animae non manente, corpus manet; et ideo universaliter in quolibet animato necesse est ponere illam formam, qua corpus ut corpus, aliam ab illa, qua est animatum. Non autem loquor de illa, qua est corpus, hoc est individuum corporis quod est genus. Nam quodcumque individuum sua forma taliter est corpus, ut corpus est genus et habens corporeitatem; sed loquor de corpore, ut est altera pars compositi; per hoc enim non est individum non species in genere corporis nec in genere substantiae, quod est superius, sed tantummodo per reductionem. Unde corpus, quod est altera pars manens quidem in esse suo proprio sine anima, habet per consequens formam qua est corpus isto modo et non habet ani-

cette puissance comment expliquer le maintient dans son intégrité du corps du Sauveur au tombeau?

Cependant, les thomistes parurent triompher dans le débat; et dans les écoles à leur suite, le corps fut considéré comme une simple potentialité de l'être: *pura potentia.* Le courant Scotiste ne cessa de subsister, mais secondement. Il faut avouer que cette expression: *pura potentia,* est d'une extrême obscurité; parce qu'enfin, toute puissance est puissance de quelque chose ou de quelque être dont elle reçoit l'être. Si on reconnaît la matière comme simple puissance de l'être, elle est donc puissance de la Forme substantielle qui est le principe de l'être. Faut-il donc dire qu'elle est tout à la fois la conjointe et le principe de l'être? ou bien faut-il lui reconnaître un être propre, et alors elle n'est pas pure puissance, elle a un être et par cela même un principe d'être.

La question se transporta vite sur le terrain des sciences naturelles; on demanda le rôle de la matière première des corps simples, du fer, de l'or, du souffre, et autres; et la solution revint la même. Selon les thomistes la matière première est une *pura potentia,* un quelque chose qui n'est rien par soi-même; de sorte que, si par un de ces coups étranges qui changent la face des choses, la

mam. Et ita illa forma necessario est alia ab anima; sed non est aliquod individuum sub genere corporis, tantum nisi per reductionem est pars; sicut nec anima seperata est per se inferius ad substantiam sed tantum per reductionem. *Super quartum sentcntiarum.* (Dist. XI, q. 3.)

Forme substantielle venait à quitter cette matière première, celle-ci disparaîtrait à l'instant pour rentrer dans le néant. Pour les Scotistes, au contraire, ou pour ceux qui tiennent compte de l'objection capitale de Scott, on ne s'explique pas ce que peut être la matière première qu'on ne saurait isoler autrement que par abstraction, et qu'on ne saurait connaître que par analogie; mais on estime que c'est quelque chose qui a son être propre et par conséquent son principe propre.

Eustache de Saint-Paul, que nous avait signalé le P. de Lehen dit : « *Materia prima est substantia incompleta, in potentia ad formas... sed per se expertem omnium formarum, unde ipsa appellatur potentia. Est tamen aliquid reale et substantiale secundum se, et* existit actu independenter ex forma ;... *unde non est absolute et simpliciter pura potentia... sed est omnino, passiva, id est habens nullam potentiam activam sed tantum passivam. quia actio est forma.* (Prima Par, Physicæ, ract. 1, q, II, III, IV.), Et le P. de Lehen m'ajouttait : « Il suit de là que *Materia est potentia seu possibilitas relate ad com positum ens ex ipsa et forma, sed in se non est purè potentia virium in actu.* C'est » déja une concession.

Le R. P. de Lehen m'ajoutait : « Le P. Mayr parle « de même : *Materia prima*, dit-il, *habet pro-* « *priam essentiam... habet etiam propriam exis-* « *tentiam distinctam ab existentia formæ. Ita nos-* « *tri communissime contra thomistos* (dont l'opi-

« nion, il faut en convenir (c'est le P. de Lehen qui « parle), paraît inintelligible et contradictoire, car si « la matière n'est absolument rien d'existant, com- « ment s'en formera-t-il quelque chose? — V. Suarez, « Métaphys. disput. 31, sect. 1, n° 12; — disput. 13, « sect. 4 et 5) *aliud est materiam esse puram* « *potentiam, aliud materiam esse in pura potentia.* « *Primum est verum, quia significat materiam ex* « *se non habens ullum actum physicum (formam):* « *alterum est falsum quia significat materiam non* « *esse actu, sive non existere.* (Mayr. Philosoph. « peripat. tom. 2, § 308, 310, 313.)

Telle est la question, difficile entre toutes, et sur laquelle il faut bien cependant que nous prenions un parti, et un parti d'accord avec les sciences naturelles, parce qu'autrement nous nous séparons d'elles; nous mettons la philosophie d'un côté, elles d'un autre; et toute unité dans les conceptions scientifiques disparaît à l'instant.

Si nous établissons que la matière n'est rien, n'a pas d'existence réelle, c'est la Forme substantielle qui, seule, constitue l'être des êtres matériels et des êtres vivants, la matière n'a plus aucun rôle à jouer, ou tout au moins nous déclarons ne pouvoir expliquer son rôle, et la philosophie abdique toute entente possible avec les sciences naturelles.

Si nous établissons que la matière est quelque chose, il faut que nous démontrions philosophiquement, c'est-à-dire par sa raison d'être, comment elle est quelque chose, quelle chose elle est, et comment son être vit sous la Forme substantielle qui lui donne un être particulier.

Remarquez ensuite que la matière nous apparaît sous deux sortes de Formes: sous les Formes des corps inorganiques, le souffre, l'oxigène, l'or, le fer, le cuivre, etc.; et sous les Formes de corps organisés ou vivants. Mais nous ne savons pas ce qu'elle est en elle-même; nous ne pouvons pas l'isoler, et tout porte à penser qu'elle n'est pas isolable. Nous voyons bien les substances inorganiques passer sous une Forme substantielle vivante pour redevenir ensuite substances organiques; mais nous ne voyons pas la matière première passer sous la Forme inorganique pour redevenir matière première.

La solution qui semble la plus naturelle saute aux yeux: c'est que la matière première doit être sous les Formes substantielles inorganiques, quelque chose d'analogue à ce que sont les substances inorganiques sous la Forme substantielle qui les informe; ou, autrement dit, que la matière première non informée doit être dans le fer ou le soufre, ou phosphore, ce que le soufre, le fer, le phosphore deviennent dans le corps vivant. C'est là ce qui nous était apparu en écrivant le *Traité d'anthropologie*, et, sans cette solution, le trait d'union entre la philosophie et les sciences naturelles me paraissent impossible.

Mais, en philosophie, il faut compter avec le péripatétisme, bien que cette doctrine, prise par les thomistes soit foncièrement panthéiste, comme nous le montrerons; et le thomisme nous fait cette objection : la Forme substantielle qui est principe d'être, ne peut supposer sous elle aucun principe d'être ; il faut donc que les substances matérielles, en passant sous la Forme substantielle vivante, perdent leur propre Forme substantielle inorganique, et livrent la matière première qu'elles détenaient. A plus forte raison, dans les substances matérielles, la matière première doit avoir perdu sa Forme propre si elle en possédait une ; et, comme cette matière première n'apparaît nulle part isolée, elle n'a donc pas d'être par elle-même, parce qu'elle n'a pas de principe d'être. Si elle avait l'être en elle même, nous pourrions la voir subsister par elle-même ; et comme nous voyons qu'elle ne peut exister qu'à l'état de matière informée, n'ayant d'être que par la Forme substantielle qui la détient, c'est que, par elle-même, elle n'a pas d'être.

C'est bien là l'objection thomiste ; nous ne l'atténuons en rien.

Mais nous lui répondons que les éléments d'un corps vivant, le soufre, l'oxigène et les autres, sont bien quelque chose puisqu'ils deviennent substance du corps vivant ; qu'ils ont bien un rôle puisqu'ils rendent la vie corporelle possible ; qu'ils sont à la Forme substantielle un élément de réalisation pour son activité par le rôle qu'ils jouent ; qu'ainsi leur être passe bien réellement, en jouant un rôle, sous la Forme substantielle ; que, cependant, cela ne fait pas des êtres différents, parce que la Forme substantielle ne les fait pas être, mais leur donne une modalité d'être nouvelle, de sorte que leur être fait un avec l'être qui les informe.

Sur ce premier point établi, nous disons que la matière première peut très-bien être de même dans les corps inorganiques, où elle joue un rôle par son être, cet être ayant reçu une modalité d'être nouvelle en raison de la Forme qui la détient ; de telle sorte que, ne sachant ce qu'elle est en elle-même puisqu'on ne saurait la séparer, et que nous ne la connaissons qu'à l'état de matière informée, nous devons cependant lui attribuer un être propre, parce que cet être a son rôle.

A quoi sert de raisonner à perte de vue, et autrement que par l'induction naturelle, sur une chose que nous ne pouvons connaître que par induction naturelle. Nous ne pouvons nous faire une idée de la matière première que par celle que nous pouvons avoir du rôle des éléments matériels dans le corps vivant; et si, les éléments matériels ont un rôle dans le corps vivant, tout nous porte à penser que la matière première en a un dans les corps inorganiques. Supposons-nous après cela qu'une chose qui joue un rôle n'a pas d'être; cela serait déraisonnable au premier chef. Il est vrai que la matière première ne nous paraît nulle part à l'état isolé, de sorte qu'on peut estimer qu'elle n'a pas la possibilité de subsister par elle-même ; mais cela ne présume point qu'elle n'ait pas l'être. On pourrait tout au plus dire qu'elle n'a qu'un être conditionnel; qu'elle n'a l'être qu'à la condition que cet être recevra une modalité d'information particulière; mais c'est là une manière d'être qui est l'être et qui affirme l'être.

Il est vrai, car, enfin, il faut pousser les choses

jusqu'au bout. On nous dira qu'en acceptant l'être de la matière première nous lui attribuons nécessairement un principe d'être, et nous ne le nions pas. Mais alors, dit l'objection, vous reculez la question indéfiniment, car vous acceptez que cette matière première est elle-même composée de matière et de forme, ce qui fera une matière première inférieure sous laquelle vous en admettrez encore une autre, et ainsi à l'indéfini. Il n'y a pas de raisons pour vous arrêter, et vous reculez la question indéfiniment sans la résoudre, vous la noyez dans un abîme imaginaire, où la fantaisie règne seule et où se perd la science.

Cette objection nous touche bien peu parce qu'elle nous fait dire ce que nous ne disons pas. Nous ne prétendons pas que la matière première est composée de matière et de forme : nous disons seulement qu'elle a l'être et, par cela même, un principe d'être. Pourquoi donc son principe d'être ne serait-il pas son être, et pourquoi lui supposer une qualité d'être qu'elle ne manifeste pas? On comprend très-bien que, dans les êtres vivants, on distingue le corps et le principe de vie : l'existence des deux principes est démontrée. On comprend très-bien également que, dans les substances inorganiques, vous acceptiez également les deux principes, parce qu'il y a une sorte d'élément matériel commun à tous et spécifié sous une Forme physique, ayant ses propriétés dans chaque substance. Mais la matière première n'a rien qui la spécifie ; elle n'a que sa nature commune ; elle n'a que l'être matériel ; elle est dans son genre, seulement à un degré très-inférieur, ce que l'être spirituel est dans le sien. L'être spirituel possède bien l'être et cependant il est simple, il n'a pas un principe d'être et un autre principe qui supporte son être ; il est un dans son être. Pourquoi la matière première ne serait-elle pas de même dans son genre, ayant son principe d'être qui est son être, avec cette distinction capitale qu'elle ne peut jouir de son être par elle-même, que cet être est conditionnel, qu'il ne peut subsister qu'à la condition d'être sous une modalité d'être que lui donne la Forme substantielle qui l'informe.

Les éléments matériels d'un corps vivant subsistent par eux-mêmes parce qu'ils ont une Forme substantielle ; mais ils ont évidemment l'aptitude à devenir matière de corps vivant, sans quoi ils ne sauraient y atteindre. Cette aptitude constitue une sorte de modalité d'être conditionnel dont l'élément ne peut jouir qu'à la condition d'être informé par une Forme substantielle vivante. Pour que l'oxygène, le soufre, l'azote, le phosphore, le charbon, l'hydrogène puissent devenir de la chair, il leur faut l'aptitude à être cette chair; et cette aptitude leur constitue une modalité d'être conditionnel, dont ces substances jouissent à la seule condition qu'une Forme vivante les fera chair. Quand ils sont sous cette Forme substantielle vivante, ils jouissent de cet être qui leur était conditionnel et qui est un être vrai, distinct de la Forme substantielle qui les informe, bien que cet être ne soit que par elle ; de même, la matière première peut avoir son être distinct, bien que cet être soit conditionnel à la présence de la Forme. La seule différence entre les deux cas, c'est que l'élément matériel subsiste en sortant de dessous la Forme substantielle vivante parce qu'il a sa Forme substantielle propre, tandis que la matière première ne serait plus rien si elle venait à être séparée de la Forme inorganique dont la présence est la condition de son être en lui donnant une manière d'être.

Nous connaissons dans la science, des choses qui nous représentent très-bien cette sorte d'être. Qu'est-ce que la figure, le volume, l'étendue, le nombre, le poids, la durée? Ce sont choses qui, certainement, ont l'être, et cependant n'existent qu'à la condition d'un être subsistant qui les détient. Je ne raisonne point sur ce qu'elles sont en elles-mêmes, sur leur nature d'attributs communs, question qui n'est pas de mon sujet, je les prends seulement comme témoignages de l'être conditionnel existant sous la condition d'être tenu par un être subsistant. Tout être créé semble d'ailleurs n'avoir, d'une certaine manière, que l'être conditionnel, car chacun d'eux est soumis à des conditions d'existence; supprimez ces conditions, et l'être ne peut subsister. La conditionnalité ne nie donc point l'être; elle l'affirme au contraire, car la condition elle-même n'existe que par l'être qui en a besoin.

On peut encore s'expliquer les choses d'une autre manière, et concevoir que, dans la matière première, ou même dans les substances élémentaires, le principe d'être et la matérialité sont deux conditionnalités d'un même élément. Car, d'une manière générale, ce qui est confondu dans les êtres inférieurs est distinct dans les êtres supérieurs; ou, en renversant la proposition, ce qui est distinct dans les êtres supérieurs est confondu dans les êtres inférieurs. Ainsi, la vitalité des plantes comprend une sorte de sensibilité et de motilité vagues, qui sont distinctes dans les animaux ; les animaux ont dans leur sensibilité une sorte d'intelligence qui est distincte chez l'homme ; les sexes qui sont distincts dans les êtres supérieurs sont réunis dans les êtres inférieurs; et dans les êtres plus inférieurs encore, le bourgeonnement remplace deux actes par un acte unique.

De même, dans l'homme, le principe formel subsiste distinct de l'élément matériel auquel il peut être uni ; tandis que chez les animaux et les plantes ce principe n'a pas de subsistance indépendante, et son être est conditionnel à son union avec l'élément matériel. Dans les substances élémentaires, ce principe formel est encore plus lié avec la matière, puisqu'il en est inséparable ; et il se peut que ces Formes premières et cette matière première soient deux conditions d'un même être au lieu d'être deux principes réellement subsistants ; que notre esprit les conçoive comme deux conditions d'être, mais qu'ils ne soient réellement qu'un être ; et alors ce que nous nommons la matière première serait une simple conditionnalité de l'être substantiel élémentaire.

Il n'est pas inutile de rappeler encore une fois que nous ne connaissons aucun corps matériel sans une détermination spécifique et substantielle, que la matière, dite première, est une pure conception de notre esprit, et qu'aucun corps élémentaire n'est décomposable. Dieu qui pouvait vouloir assurer la durée de ce monde a permis la décomposition possible des êtres vivants et des corps composés, mais il semble avoir dérobé à notre atteinte les éléments premiers de la constitution naturelle des choses en leur donnant une unité et une fixité d'être dont il s'est réservé la clef.

En tous cas, ces explications ne sont que des explications, et j'ai voulu simplement, avec elles, suivre la suite logique des idées qu'on a posées sur la matière première. Mais j'estime que la question n'est pas là, et qu'il faut, pour connaître les choses, suivre un chemin différent de celui qu'on a suivi. On a cherché à concevoir, ou, pour mieux dire, à imaginer les principes capables d'expliquer les choses, et on s'est lancé dans une recherche de l'essence de la matière aussi vaine que la recherche de la nature de l'esprit ; c'est en philosophie ce qu'est en mathématique la quadrature du cercle. Il me semble que la proposition doit être renversée, et, au lieu de chercher ce que peut être la matière, et quel est son rôle, en s'efforçant de concevoir ce qu'est sa nature, il est bien plus légitime d'arriver à délimiter sa nature par la constation du rôle qu'elle joue.

Qu'est-ce, en somme, pour nous, que la matière ? c'est le rôle qu'elle joue. Le nom que nous lui donnons pour caractériser sa nature exprime bien plus les effets que nous attribuons à sa nature d'être, que l'essence intime de cette nature. L'essence intime des choses nous est inconnue ; il faut sans cesse le redire, et je ne cesserai de le rappeler, parce qu'on l'oublie toujours. Dieu ne nous a dévoilé la nature intime de rien, et rien ne la montre ; nous ne voyons les choses que par l'extérieur, et ce que l'intelligence conçoit est le rôle spirituel des mouvements bien plus que la nature spirituelle. Laissons donc là de vaines recherches qui prennent l'air d'aller loin et ne sont que des bulles de savon de notre imagination. Ce n'est pas dans sa nature intime que nous avons à connaître la matière, c'est dans le rôle qu'elle joue. Là seul est l'objectif scientifique vraiment abordable, vraiment utile et sérieux. Notre corps est bien réellement quelque chose, de même que pour tous les êtres vivants : ce quelque chose quel est-il? c'est-à-dire quel rôle joue-t-il? Dans les corps matériels, où nous concevons une Forme et une matière, comme dans les êtres vivants, parce que nous y découvrons un principe d'être et un principe de matérialité, il se peut qu'il n'y ait qu'un même principe d'être comprenant deux conditionnalités; mais comme, en tous cas, la séparation de ces deux éléments ou de ces deux conditionnalités n'est pas possible comme pour les êtres vivants, nous n'en pouvons raisonner que par analogie. En suivant cette voie, la seule possible et la seule utile, nous nous cantonnons dans le seul objectif scientifique rationnel et réel, et nous éloignons ce qu'une imagination surchauffée a apporté de vaines inutilités.

C'est de ce point de vue que nous pouvons examiner le rôle du corps dans les êtres vivants, le rôle de la matérialité dans la nature, et comment l'être matériel opère sous la Forme substantielle qui le spécifie, comment elle est ainsi l'élément réalisateur du mouvement pendant que l'élément Formel en est le principe initiateur. C'est cette doctrine qui, seule, explique l'être naturel, et qui est toute différente du péripatétisme et du thomisme; nous allons en poursuivre l'élucidation parce qu'elle est dans cette question le seul sujet vraiment scientifique.

CHAPITRE VI

La matière et le corps de l'être; son être propre et son être d'information le paralogisme; de l'in virtute et l'in actu.

Nous disons donc que nous n'avons point à rechercher l'essence de la matière, qu'il ne s'agit que de préciser son rôle. Nous ne connaissons et ne pouvons connaître l'essence de rien, pas plus de la matière que de l'esprit; l'essence du fer, ou du soufre, ou de l'oxygène nous est et nous demeurera aussi inconnue que l'essence de la pensée. Les choses se montrent à nous selon leurs genres, leurs espèces, leurs qualités ou propriétés, la fonction qu'elles remplissent, en un mot, tout ce qui caractérise leur être et sa nature; nous ne saurions atteindre à l'intimité. Mais, distinguant la matière du principe qui lui donne une forme d'être, nous nous demandons le rôle de chacune de ces choses, parce que ces deux choses: Matière et Forme substantielle, nous apparaissent avec des fonctions et des natures d'être différentes.

Parmi les divers genres d'êtres, il en est quelques-uns, où il nous est aisé de distinguer nettement les deux éléments, le corps matériel et le principe d'activité, tels sont l'œuvre artistique ou industrielle qui est un être, l'être vivant et l'être mort.

Dans une statue, par exemple, nous distinguons très-bien le marbre, ou la pierre, ou le métal dont elle est faite, matière qui, taillée ou fondue, revêt la forme conçue par le maître et devient statue en raison de ce principe immatériel, insaisissable, non tangible, visible dans la figure ou forme extérieure de la statue et que la raison seule conçoit. De même pour une machine, où nous distinguons très-nettement sa matière et la pensée qui l'a construite.

Quand nous comparons le corps d'un être mort, avec celui du même être vivant, nous concevons, dans l'un un principe de vie qui anime le corps et le fait ce qu'il est, et nous voyons, dans l'autre, un corps qui n'est plus animé, qui n'a plus son principe de vie. Mais le corps mort va se décomposer peu à peu et nous montrer qu'il n'était formé que d'éléments matériels réunis, le charbon, l'azote, l'oxygène, l'hydrogène et le reste; et ce corps, déjà mort, mais non encore décomposé, nous montre qu'il garde certaines choses de la vie dont il a vécu, sa composition, son organisation, certaines propriétés; qu'il les gardera parfois très-longtemps, et qu'il en résultera pour lui d'être une sorte d'être. C'est avec grande raison que Scott avait posé la question du cadavre, comme celle qui résume toutes les difficultés de ce sujet. Ce cadavre est un être composé des plus difficiles de tous à bien comprendre; mais nous présentant, toutefois, un enseignement clair comme le jour: il nous montre le corps privé de vie, et il nous fait saisir la juste distinction des deux éléments de tout être corporel; la matière dont cet être est fait et le principe d'activité qui lui donne la vie.

Cette distinction, une fois faite, il nous faut maintenant saisir le rôle que joue la matière du corps de l'être naturel.

Dans l'être artistique ou industriel, la question est des plus simples, elle saute aux yeux: la matière de la statue ou du tableau, ou de la machine, demeure ce que nous la voyons être avant d'être employée; elle reste marbre, pierre, métal ou toute autre chose, et ne fait que revêtir une figure qui lui donne d'être un quelque chose de nouveau avec des qualités particulières. Dans ce cas, le plus simple de tous, la matière employée qui devient le corps de l'œuvre ou de l'être nouveau, garde son propre être avec ses propriétés; et son être avec ses propriétés, passe comme en puissance sous ce principe qui l'informe; de sorte que l'être artistique est comme une forme qui use et jouit de l'être matériel. Une statue de marbre n'est point la même qu'une statue de pierre ou de métal. La matière employée donne à la statue un ensemble de qualités qui relève sa forme ou la raidit, ou la fait chatoyer; en un mot, la matière est quelque chose à la forme qui la revêt et aux qualités même morales que cette forme représente, aux sentiments et aux idées qu'elle éveille en nous.

Dans l'être ou œuvre de l'industrie, la machine, la matière employée garde son être propre avec ses qualités; mais, plus encore que dans l'œuvre artistique, ces qualités de l'être matériel ont leur rôle dans l'être industriel. Ici il faut du fer, là de l'acier, ici du cuivre et là du platine, ailleurs du plomb ou du bois; et l'œuvre est vivifiée. Cet être nouveau est complet en raison de la pensée qui a réuni ces différentes matières pour leurs qualités, de manière à ce que l'être dont elles sont le corps en jouisse sous la pensée qui les détient dans l'unité de l'œuvre.

Pourquoi, dans un mode analogue quoique supérieur, la matière n'aurait-elle pas aussi son rôle dans les êtres naturels comme dans les œuvres industrielles artistiques? Il en doit être ainsi si nous jugeons les choses selon l'ancien et juste adage: *invisibilia per visibilia*. On doit reconnaître, il est vrai, que la Forme substantielle vivante est bien autrement puissante que la forme artistique ou industrielle, et qu'elle doit étreindre et pénétrer la matière avec une bien autre énergie; ce dont il est aisé de se convaincre, en voyant comment une matière première, commune peut, selon la forme qui la détient, servir à faire du charbon ou de l'or et de l'argent, de l'iode, du soufre, du fer ou du platine, ou du plomb, ou de l'arsenic. L'action substantielle doit être bien autrement puissante encore dans les corps vivants, où nous voyons le charbon, le soufre, l'oxygène, l'azote, le phosphore, l'hydrogène servir à faire du bois, des feuilles, des fleurs, des racines ou des chairs d'insecte, des chairs de poisson, d'oiseau, de quadrupède ou d'homme, selon la forme qui en est le principe d'activité. Il est manifeste, ainsi que la Forme substantielle transforme la matière dont elle s'empare, et qu'elle fait plus que de lui donner une figure, un arrangement, comme le fait la forme artistique ou industrielle. Mais on ne voit pas bien comment, dans cette métamorphose, la Forme substantielle détruirait l'être qu'elle transforme; on semble plutôt comprendre qu'il y a là comme une sorte de transfiguration de l'être matériel, qui le met dans un état supérieur à celui où il était selon sa nature.

La matière première ne pourrait subsister dans un état premier, quelque court qu'il soit sans un principe d'être propre. On ne comprend pas un être sans principe d'être. Elle existait donc avant d'être distribuée aux substances élémentaires qui se la partagent, et on ne voit pas quel intérêt les Formes substantielles qui s'en emparaient auraient eu à détruire son principe d'être, quand, par lui, elles pouvaient jouir des propriétés dont ce principe est l'auteur; pas plus qu'on ne voit l'intérêt d'une forme artistique à détruire l'être de la matière qu'elle informe figurativement et qui est son corps. De même aussi on ne voit pas l'intérêt que pourrait avoir l'âme à détruire l'être du charbon, du soufre et des autres substances dont elle fait son corps. Il semble bien au contraire que, puisque la matière doit devenir le corps d'un être nouveau, c'est qu'elle doit subsister pour être ce corps; et, qu'elles que soient les transformations qu'elle est appellée à subir, il faut qu'elle demeure, que son être persiste sous ces transformations.

Dans la doctrine d'Aristote, que les thomistes ont acceptée, on admet que la Forme substantielle qui s'empare de la matière, se substitue à la Forme substantielle qui la détenait; de sorte que l'être des éléments du corps est détruit pour faire place à l'être substantiel nouveau. Il y a là-dessous une théorie panthéistique sur laquelle nous aurons lieu de nous expliquer plus loin, très en détail; mais il y a aussi un paralogisme sur lequel on n'est pas suffisamment édifié, et que nous devons dévoiler. Le point de départ est de déclarer que la Forme substantielle est le principe d'être, ce qui est vrai; puis on déclare qu'un seul principe d'être suffit, et qu'un autre serait de surérogation, ce qui est non moins vrai; mais on oublie de bien spécifier de quel être il s'agit, et voilà le paralogisme introduit.

Il est très-évident que l'être n'a qu'un principe d'être, l'homme n'a qu'une âme; nous aurons lieu de voir plus loin ce qu'est la fausse théorie des deux principes. Mais la matière qui forme le corps de l'être n'est point le corps lui-même, elle est de ce corps. Ce corps, en tant que corps vivant, reçoit son principe d'être du principe substantiel nouveau, cela est incontestable; mais les éléments dont ce corps est formé ne sont pas le corps vivant, ils ont, par eux-mêmes, leur être particulier. Le corps de la statue est corps de statue selon la forme qui fait de lui un corps; mais, en lui-même, il a son être matériel: pierre, bois, métal, ou autre; parce que les éléments substantiels qui servent à faire le corps sont transfigurés en devenant ce corps leur être ne paraît pas détruit pour cela, il semble seulement changé. Ces éléments reçoivent un nouveau mode d'être, et c'est ce mode d'être que produit la Forme substantielle qui s'empare d'eux; mais cette forme ne leur donne pas l'existence, puisqu'ils existaient avant, et qu'ils existent encore après qu'elle a usé d'eux. Le corps vivant est un composé d'éléments matériels, et ce composé ne peut ni se produire, ni subsister sans son principe d'être; cela est certain; mais cela veut dire que ce principe fait la composition; cela ne veut pas dire que le principe fait l'être des éléments de la composition.

J'appelle toute l'attention du lecteur sur cet incessant paralogisme des thomistes, déjà signalé précédemment.

Pourquoi la matière n'aurait-elle deux sortes d'êtres qu'il faut bien distinguer : un être propre, puisqu'elle est, et un être d'information en recevant une forme qui lui donne seulement une figure nouvelle ou une nouvelle modalité substantielle ? Cela ne saurait paraître étrange à des hommes instruits qui peuvent voir, dans la nature, des êtres prendre successivement des formes si différentes. D'ailleurs, comme nous venons de le dire, ce qui se passe pour les êtres artistiques nous est une insinuation de ce qui peut se passer dans les êtres naturels, et la transformation substantielle n'est qu'un degré plus avancé du même phénomène : *Invisibilia per visibilia.*

C'est cette transformation substantielle qui a fait dévier tous les esprits. Sans doute elle est bien extraordinaire; elle déroute la raison qui ne sait se l'expliquer, qui ne se l'expliquera jamais, parce qu'encore une fois nous ne connaissons l'essence de rien ; mais il faut moins la considérer en elle-même et plus la voir dans ses conditions de phénoménalité. Rendons-nous compte qu'après tout, la raison doit se convaincre qu'une chose ne se fait qu'à la condition d'être possible, et que, pour que l'azote, le carbone, l'oxygène, l'hydrogène, le soufre et le phosphore puissent aider à former de la chair, il est de toute nécessité que ces substances y soient aptes. Pourquoi et comment y sont-elles aptes ? pourquoi elles et non d'autres ? Les deux questions insolubles importent peu ; il faut surtout se pénétrer du fait lui-même.

Le corps vivant prendrait d'autres substances que celles-là ; du chlore, de l'iode, de l'arsenic, du platine, il n'en ferait point de la chair ; il lui faut les substances qui lui ont été destinées, qui, manifestement, ont une aptitude particulière pour ce but. Ce n'est donc point de la matière première, ou une matière quelconque qu'il faut au principe d'être pour faire son corps, c'est telle et telle matière qui y est apte et non d'autres ; de même que pour la statue il faut la pierre ou le métal, et qu'aucune substance gazeuse ou liquide n'y serait apte. Le principe informateur ne s'empare donc pas d'une matière première quelconque, mais bien de telle ou telle substance qui possède l'aptitude à la modalité d'être qu'on lui destine, et cette aptitude est inexplicable sans l'être qui la porte.

Dans l'œuvre artistique, la Forme ou figure ajoutée au marbre, à la pierre, au métal, use des qualités de la matière sans altérer son être. Dans l'œuvre substantielle qui change cette matière en matière organisée, il y a bien évidemment modification de la substance, mais on ne voit pas comment ni pourquoi cette modification détruirait l'être qu'elle modifie, si cet être matériel est nécessaire à la confection de ce corps vivant, et s'il porte la capacité de le devenir.

Il y a dans certaines œuvres artistiques ou industrielles, quelque chose qui nous éclaire encore. Certaines de ces œuvres sont faites avec des dépouilles de végétaux et d'animaux, le bois, la peau, les cornes, des fibres, etc. Ces substances organiques ne subsistent qu'en raison d'un quelque chose, une sorte d'impulsion qui y demeure à la suite de la vie et qui leur maintient leur constitution ainsi que leurs propriétés dont se sert la Forme artistique. Quand ces substances se détruisent en perdant ce qu'elles détenaient encore de la vie, elles redeviennent des éléments purement matériels; mais elles perdent en même temps la Forme artistique qui les revêtait et qui ne pouvait y subsister qu'en raison de la modalité d'être que la Forme vivante avait produite. Leur être modal, qui revêtait déjà leur être organique, subsistait lui-même sous l'être artistique qui s'en servait.

On voit, dès lors, la conséquence fatale de ce fait inéluctable : c'est que la matière du corps est quelque chose pour l'être et doit jouer son rôle dans cet être. Elle est l'élément informable de cet être, sert à réaliser les activités du principe d'être, et rend l'être possible. Sans la matière, l'être resterait dans son générateur ce qu'est la statue dans la pensée qui l'a conçue; et la Forme qui la prend, use de ses propriétés en raison de son être, parce que, si son être était détruit, ses propriétés le seraient également.

Saint Thomas, en recevant la doctrine des Formes substantielles de la tradition aristotélique, la recevant d'ailleurs fort obscure, s'était spécialement attaché à bien mettre au jour sa véritable interprétation du principe de l'être; il avait eu surtout pour visée de placer en toute lumière le grand rôle de l'âme humaine, principe informateur. Pour le reste, il avait accepté les locutions péripatéticiennes, sans se bien expliquer sur elles. La question lui semblait sans doute devoir venir plus tard. Il accepta donc avec Aristote que, dans les composés, les éléments entrent *in virtute, non in actu.* Mais que veulent dire ces deux mots? Pour les thomistes, ses disciples, cela voudrait dire que les éléments perdent leur principe d'être; et, de là, toutes les difficultés sur la matière première qui serait *in potentia simplex, or in potentia pura*, ou autre chose. C'est une logomachie. Il me paraît absolument impossible que saint Thomas eût jamais eu ces visées, et qu'il ait pu entendre que les éléments matériels, en devenant le corps, perdent leur être, pas plus que le marbre perd son être en devenant statue! Je m'explique bien mieux ses expressions en entendant qu'il aura voulu dire que la matière passe sous la puissance d'un autre principe qui se la subordonne et s'en fait une puissance; de sorte que les actes qu'elle va produire sous ce principe ne sont point ses actes propres, mais des actions qu'elle accomplit en raison de l'union qu'elle contracte. En ce sens, la matière première est *in virtute* dans les substances matérielles, et ces substances sont *in virtute* dans le corps vivant; comme on dit que la femme est en puissance de son mari. Mais cela ne peut vouloir dire que l'être matériel perd son être en passant sous l'étreinte d'une Forme substantielle.

Nous allons nous convaincre que cette interprétation est en accord avec les faits, en poursuivant son adaptation aux sciences chimiques, physiques et physiologiques; et, encore bien que la parole de saint Thomas ne laisse guère de doute sur une erreur qu'il a pu commettre, il se pourrait cependant que, le comprenant à travers les explications des thomistes, ses successeurs, nous ne saisissions pas exactement le fond de sa pensée, et qu'il ait été intimement d'une toute autre opinion que ses disciples.

CHAPITRE VII

La chimie moderne tombe dans l'atomisme par sa répugnance au thomisme, issu du péripatétisme.

Tout homme, tant soit peu versé dans l'étude des sciences naturelles, sait que les corps simples forment, en se combinant, des composés binaires, ternaires, quaternaires, ou des alliages et des mélanges. C'est ainsi que tous les corps inorganiques sont constitués. Nous n'avons pas à le discuter, ni à le contester, c'est le résultat d'une série d'expériences analytiques multipliées à l'infini : c'est le fait.

La chimie, ayant constaté ces faits, a encore établi que les corps se combinent entre eux pour former ces composés, suivant trois lois : 1° Les combinaisons se font selon des proportions multiples définies, de telle sorte qu'il y a toujours une quantité déterminée de l'une et des autres substances ; on ne saurait mettre ni plus de l'une ni moins de l'autre, et l'une est toujours à l'autre dans les proportions de 1 à 2 ou à 3, ou de 2 à 3, ou de 1 à 4. 2° Dans ces composés, un élément peut être remplacé par un autre pour former un composé nouveau, mais selon une loi d'équivalence qui exige tant de l'un pour remplacer tant de l'autre, non la même quantité; de telle sorte, par exemple, qu'il faudra 8 d'hydrogène pour remplacer 1 d'oxygène; 3° les proportions selon lesquelles les corps se combinent ou s'équivalent dans les combinaisons sont en rapport avec le poids atomique des corps, en nommant poids atomique le poids du corps sous un volume donné, le même pour tous; de sorte que, pour un centimètre cube, tel corps pèse le double de ce que pèse un même centimètre de tel corps. On en conclut très-légitimement que la partie la plus petite de l'un pèse le double de la plus petite partie de l'autre, la division étant poussée aussi bien de part et d'autre jusqu'à la particule indivisible qu'on nommera en atome.

Les sciences physiques, au moment où elles s'échappaient du péripatétisme, devaient naturellement chercher à s'expliquer ces phénomènes, à en trouver la raison par elles-mêmes puisqu'on ne la leur donnait pas; et il faut convenir qu'elles n'avaient point un grand effort de conception à faire pour tomber dans la théorie matérialiste de l'atomisme. Dans leurs analyses tout nous parle de proportions mathématiques; la loi des nombres semble régler seule les combinaisons et les composés de la matière, comme dans la doctrine de Pythagore; le nombre porte immédiatement l'esprit à concevoir le plus petit nombre possible en rapport avec le plus petit volume possible qui sera l'*atôme*; on est porté à voir, sans grand travail d'esprit, tous les corps comme formés d'atomes ou particules infiniment petites, dont les combinaisons, selon les lois des proportions mathématiques, produisent l'infinie variété des composés matériels, comme l'avaient enseigné Démocrite et Epicure.

Lors donc que la doctrine des Formes substantielles s'éclipsa aux XVIe et XVIIe siècles, ce fut immédiatement la théorie atomistique qui la remplaça; il n'y en avait point d'autre possible; car, du moment qu'on quitte l'une, on tombe immédiatement dans l'autre, le matérialisme étant la conséquence fatale de l'abandon du substantialisme.

La doctrine régnante à cette époque était le thomisme péripatéticien qui soutenait que, dans tout composé, l'être des composants est détruit; la Forme du nouveau corps supprimant par sa présence les Formes substantielles des éléments composants. Il était impossible d'expliquer avec une pareille doctrine les faits multiples que discernait la chimie; et, en mettant de côté cette doctrine, on mettait en même temps de côté les Formes substantielles. On se trouvait dès lors n'avoir devant soi que l'atomisme; car, si on n'accepte pas que le composé est la résultante des principes composants, il faut alors admettre qu'il résulte des molécules composantes. La chimie, parfaitement certaine que les composants entrent dans le composé, ne pouvait que dire: ou ce sont les principes, ou ce sont les éléments moléculaires; et, si la philosophie nous récuse les principes, nous nous tournons du côté des éléments moléculaires: mais, alors si ce sont les modécules ou atomes qui expliquent les qualités des corps, nous n'avons plus que faire des *Formes* ou causes occultes; nous n'avons à nous occuper que des atomes. Et l'atomisme était réinstallé dans la science par l'incroyable entêtement du thomisme.

Gassendi et Descartes ressuscitaient naturellement Démocrite et Epicure; et, aujourd'hui encore, ils tiennent la science; ils ne peuvent point ne pas la tenir du moment qu'on ne reconnaît plus la doctrine des Formes substantielles; ils la tiendront tant que cette doctrine ne sera pas restaurée. La science ne veut pas, ne peut pas vivre uniquement de faits; il lui faut à tout prix une interprétation, sans quoi, elle ne serait pas la science; cela est forcé. Et, si vous ne lui expliquez pas ses faits, il faut bien qu'elle se les explique. Aujourd'hui, sortira-t-elle aisément de cet atomisme dont elle vit depuis plus de trois cents ans? A coup sûr elle n'en sortira pas d'elle-même, parce que, d'elle-même, elle ne voit que la matière. Il faut lui révéler comment l'esprit domine la matière et cela encore ne sera pas facile; mais, en tous cas, on n'y arrivera qu'en lui expliquant d'une manière plus rationnelle les faits dont elle se préoccupe.

Or, le thomisme ne peut sérieusement prétendre à ramener cette science à une théorie déjà récusée au XVIe siècle comme n'étant point d'accord avec les faits; elle le prétendrait vainement aujourd'hui que la science des faits est bien plus faite, bien plus solide et plus dissidente qu'elle ne l'était il y a trois cents ans; car, à cette époque, on n'en était encore qu'à la connaissance d'un petit nombre d'éléments et de composés, et on n'avait perçu ni la loi des proportions multiples, ni la loi des équivalences, ni la loi du poids atomique, toutes choses qui répugnent absolument au thomisme!

Mais, ce qu'il y a de plus singulier, c'est que le thomisme ait la prétention de nier ces faits, de nier ces sciences, au nom d'une théorie qui n'est pas de saint Thomas, dont saint Thomas a pu se servir comme il se servait de toute la science de son temps pour entrevoir le sens général de l'esprit qui plane au-dessus de la matière, théorie qui appartient toute entière à Aristote, c'est-à-dire à une philosophie qui aspirait à l'être sans pouvoir le saisir.

Le grand honneur de saint Thomas et de tous les maîtres chrétiens de son temps, de lui entre tous, nous ne cesserons de le répéter, c'est d'avoir saisi le sens d'aspiration à la connaissance de l'être qu'il y avait dans Platon et Aristote, de s'être emparé de cette philosophie et de l'avoir fait aboutir à l'être en lui insufflant l'esprit chrétien. Ce qui le préoccupait et devait le préoccuper plus que tout autre chose, c'est que l'âme est la Forme substantielle du corps. C'est là surtout ce qu'il fallait fixer en donnant une formule précise à la pensée vague d'Aristote; en montrant que l'âme rationnelle est bien tout à la fois sensitive et végétative, toute entière immortelle, et toute entière une unité d'être créé distincte de son Créateur, donnant à l'être son être et ses puissances; que ce n'était point une forme terrestre évanouissable unie à une autre Forme rationnelle émanée de la Divinité, comme le dégager disait la théorie dont Aristote ne peut arriver à se parce qu'il ne reconnaît pas l'être.

Voilà l'œuvre que devait faire saint Thomas et le moyen-âge, et qui a été faite, bien faite, à n'y pas revenir. Il faut le répéter sans se lasser.

Mais la matière, l'autre élément de l'être, saint Thomas l'entrevoyait, lui attribuait son rôle d'être un être informé; pour le reste il n'en pouvait rien dire que ce que la science du temps, c'est-à-dire la science d'Aristote en disait, car on n'en savait pas davantage. On était à l'origine, à la fondation des sociétés modernes; la barbarie était encore frémissante, à peine baptisée; et, vraiment, avant de s'occuper de sciences matérielles n'était-il pas infiniment plus utile de fixer la science de l'esprit, d'y rallier les intelligences pour les élever et les former? On suivait le cours naturel des choses; on enseignait au monde l'esprit des choses avant de lui enseigner l'expérience; on agissait comme pour l'homme enfant dont on éduque l'esprit pour qu'il sache ensuite se reconnaître dans l'expérience des choses, on faisait la science de l'intelligence, et la science des faits allait avoir son heure. D'ailleurs, les temps étaient marqués.

Donc, tout ce que saint Thomas et son temps pouvaient faire, c'était de raisonner sur la science du moment en assurant que le principe du vrai dans l'interprétation des phénomènes c'est l'être, et que l'être est représenté par sa Forme substantielle. Il suivait d'ailleurs Albert-le-Grand qui venait de poser que les corps bruts même ont un être formé par le Créateur, selon des espèces comme des êtres vivants. Le reste est le reste de l'aristotélisme : c'est au temps de l'expérience, quand il sera venu, à éclairer la constitution matérielle.

Et, en effet, qu'on ouvre le *De Generatione et corruptione* d'Aristote, on y trouve tout ce que soutient le thomisme. La matière est composé de quatre éléments : l'air, le feu, la terre et l'eau ; et ces éléments se combinent pour former tous les corps; mais tous ces corps ont pour base une matière première qui est, par elle-même, un vaste devenir panthéiste, dans lequel sont en puissance, *in virtute*, toutes les formes que cette matière peut prendre; de telle sorte que, si la matière change de composition, les formes des éléments composants disparaissent et on voit surgir du fonds matériel comme une forme nouvelle qui donne la figure du composé. Ainsi le feu et l'eau s'unissent, leurs formes disparaissent, leur être disparaît, leur matière première s'unit, la génération d'un être nouveau, la vapeur, se produit; une forme d'être émerge du fonds commun de la matière première, pendant que les formes des composants s'y replongent pour n'y être plus que des devenir ou des puissances. Ou bien c'est le feu et la terre qui s'unissent, et les mêmes choses se passent : le feu et la terre disparaissent avec leurs formes; un être nouveau, le soufre, par exemple, est produit, et sa forme d'être apparaît émergeant du fond commun de la matière première. Cependant le feu peut s'unir avec une terre ou avec une autre; et l'union produira peut-être autre chose que du souffre: c'est que les générateurs laissent à leur produit un *signum*, un *exemplar* qui fera émerger pour ce produit une forme plutôt qu'une autre, qui établira pour cett[illegible] forme sa filiation avec ses ascendants.

On saisit du premier coup d'œil, qu'il y a là toute une science chimique qui répugne absolument à la moderne, laquelle enseigne que les corps simples s'unissent pour former les corps composés, et que ces corps composés sont en raison des éléments simples qui les constituent.

Extrayons maintenant de cette théorie tous les principes qu'elle consacre, et nous allons avoir tous ceux que le thomisme enseigne : 1° Les corps ne se combinent point par leurs formes mais par leur matière première ; 2° les form[illegible] composants n'entrent point dans le compo[illegible] mais *in virtute* ; c'est-à-dire que le principe actif des composants n'est pour rien dans le composé ; 3° la forme du composé émerge de la matière première, et son activité ne dépend point des activités qui s'unissent ; 4° il n'y a dans le composé, pour rappeler les composants que le *signum* ou *exemplar*, qui est une sorte de forme séminale accidentelle dont la Forme substantielle tient compte dans son activité et qui rappelle les générateurs.

Certainement cela est très-joli, très-ingénieux : c'est la conception d'un puissant esprit ; et le *de Generatione et corruptione* serait peut-être le chef-d'œuvre d'Aristote, si ce maître n'avait laissé le treizième livre de sa *Métaphysique*. Cependant rapprochons cette théorie de la science moderne, mettons-les en présence, et nous serons convaincus que la conjonction est impossible, qu'il faut un autre point de vue. Comment une théorie qui supprime l'action des composants dans le composé, pour ne leur laisser que le rôle de prédécesseurs, peut-elle s'adapter à des faits qui précisent mathématiquement la combinaison des composants dans le composé? En réalité il n'y a pas génération dans cette théorie, car l'être nouveau qui apparaît réoccupe la matière première que les autres quittent; c'est une succession d'occupants. Comment cette théorie, encore voilée des ombres du panthéisme dont elle est sortie, peut-elle aider à contraindre l'atomisme à voir l'être planant sur ses atomes? Il faut évidemment tout autre chose, qui tienne compte des faits que la science lui donne à interpréter, et c'est l'irrécusable doctrine de l'être ou doctrine des Formes substantielles. La théorie thomiste, issue du péripatétisme, supprime l'être vrai de la matière, supprime l'être vrai des corps simples, supprime l'être vrai des corps composés : cela répugne à la science chimique moderne qui reconnaît les êtres matériels simples et leur rôle dans les composés ; cela répugne également à la science chrétienne dont l'être, dans toutes choses, est le principe fondamental. Si la chimie a délaissé l'ancienne doctrine, c'est qu'elle y trouvait le péripatétisme qui niait l'être matériel, qui supprimait la réalité des corps, et rendait impossible la compréhension des composés chimiques et vivants. Là est la difficulté insoluble. Si la doctrine des Formes substantielles tient à demeurer bien plus péripatéticienne que chrétienne, son alliance avec les sciences naturelles devient impossible, et la doctrine de l'être est arrêtée dans ces sciences. Il nous faut donc une autre interprétation.

CHAPITRE VIII

La chimie nouvelle, d'accord avec la doctrine des Formes substantielles, affirme la doctrine de l'être que nie le péripatétisme.

Le grand devoir de la philosophie (et ce devoir n'est point toujours aisé, ni sans inconvénients) est de s'interposer entre les principes reconnus et les faits. Souvent on croit l'accomplir en altérant les principes pour satisfaire aux exigences des faits, ou en négligeant les faits, les méprisant même sous le prétexte de sauvegarder le principe; ce sont des conduites commodes, et il suffit d'apporter de l'esprit ou de l'austérité pour y avoir du succès ; mais, ni l'esprit ni l'austérité ne peuvent excuser sérieusement l'inaccomplissement du devoir. Le devoir consiste à travailler jusqu'à ce qu'on ait trouvé le trait qui doit joindre les faits aux principes, parce que ce trait existe, qu'il doit exister. Les principes sont les mêmes que du temps de saint Thomas, mais les faits sont différents : la science doit donc changer dans ses interprétations, il faut en prendre notre parti.

Nous ne sommes plus au temps où on ne reconnaissait que quatre éléments : l'air, le feu, la terre et l'eau ; on en reconnaît aujourd'hui plus de soixante, sous le nom de *substances élémentaires* ou *corps simples*. Il se peut qu'il y en ait bien davantage, ou qu'il y en ait moins, si l'on vient à trouver que quelques-uns de ceux reconnus comme simples ne sont que des composés. Mais il importe peu aux principes qu'il y ait vingt seulement, ou soixante, ou deux cents corps simples ; c'est un fait à constater ; il n'en restera pas moins, dans tous les cas, que le corps simple est un être indécomposable qui, en se combinant avec d'autres corps simples forme les corps composés. Cette idée des corps simples formant, par leurs combinaisons, des corps composés est une loi scientifique avérée que l'antiquité n'a pas connue.

Pour l'antiquité, comme nous l'avons vu précédemment, les composants périssent dans le composé ; leur matière première seule s'unit ; leur être disparaît pour faire place à un être nouveau émergeant du grand tout de la matière première. Pour la science moderne les corps simples sont comme des êtres changeants mais impérissables tant que doit durer ce monde, et qui s'unissent pour faire des corps composés. Cela n'est plus discutable, c'est un fait.

Chacun de ces corps simples constitue un être matériel distinct des êtres vivants, et distinct de tous les autres corps simples, parce qu'il a sa nature propre douée de propriétés ou puissances particulières qui sont les attributs de son être. L'oxygène, l'hydrogène, le soufre, le phosphore, l'iode, le cuivre, l'or, le plomb, la platine, et, en un mot, tous les corps simples sont autant de natures particulières qui ont leur unité d'être parce qu'elles ont leur unité de nature. Il est vrai que ces êtres ont une singulière nature, divisée en un nombre pour ainsi dire illimité de fragments épars de tous côtés, que chacun de ces fragments peut être lui-même divisé jusqu'à l'infini, et que tous ces fragments, existant chacun dans leur particulier, indépendants les uns des autres, représentent tous la même nature d'être qui est dans chacun d'eux. La quantité n'y fait rien, et chaque particule d'or est aussi bien de l'or que le plus gros morceau de ce métal; il y a seulement plus ou moins d'or. Il en est de même de tous les corps simples.

Chacun de ces corps, représentant ainsi une nature d'être, possède, par conséquent, en lui un principe d'être qui lui fait sa nature et qui maintient cette nature avec toutes les activités, toutes les propriétés dont elle est susceptible. C'est ce principe qui est sa Forme substantielle, et sans lequel il est impossible d'expliquer l'être de cet être. Il est évident que ce principe est répandu dans tous les fragments du même être, et il est tout entier dans chacun; autrement un fragment pourrait être un élément de l'or, et ne serait pas l'or. Comme l'or est toujours de l'or, en quelque partie infiniment petite qu'on le considère, la Forme substantielle de l'or est toute entière dans chacune des plus infiniment petites parties de ce métal. On pourrait donc considérer que tout l'or qui existe en ce monde, dans des fragments multiples, est composé d'un nombre infini de petits êtres infiniment petits qui se groupent en des agglomérations de volumes très-variables et multiples, et qui existent chacun en eux-mêmes, en raison du principe d'être ou Forme substantielle qui donne à chacun d'eux une même nature d'espèce.

Nous ne faisons en cela que considérer les faits de la science, tels qu'ils sont prouvés et admis de tout le monde, mais en même temps nous posons la doctrine des Formes substantielles au nom de l'être qui est dans ces corps; et notre application est irrécusable parce que nous constatons l'être, et que partout où il y a l'être, il y a le principe de l'être. Nous voilà déjà très-loin de l'atomisme, et, du premier coup, nous l'avons renversé. Mais nous ne voulons pas nous y arrêter ici, nous y reviendrons plus loin.

Chaque corps simple ou chaque substance simple a donc son être représenté par sa Forme substantielle, et cet être existe tout entier, capable de subsister indépendant dans sa nature, sous la plus petite particule possible; de sorte que chaque fragment de ce corps simple nous représente un groupement de petits êtres, ayant même matière première et même Forme substantielle. Cependant, chacun des fragments possibles de ce corps peut avoir dans ce monde une place différente d'une autre, être rapproché de tel ou tel autre corps simple ou composé, et avoir un rôle particulier en raison de sa situation et de son volume. Ainsi, par exemple, le soufre peut être ici en poussière, là en masse informe, là, au contraire, en cristallisation; ou la chaux peut être ici en dissolution, là en pâte, ailleurs en pierre; ce qui nous démontre que toutes les molécules, c'est-à-dire tous les petits êtres de cette nature de corps peuvent s'arranger, se conglomérer différemment, et manifester dans leurs unions des propriétés qu'ils ne manifesteraient pas à l'état isolé. Ces propriétés de l'union sont le fait bien évident de leur nature, c'est-à-dire de leur principe d'être, et elles sont le fait de leurs petites activités qui s'unissent pour les produire ; car, si ces propriétés n'étaient point de leur nature, leur nature ne les produirait pas. Il n'y a point eu là formation d'un être nouveau, dans chaque fragment ; ce sont des agrégations d'êtres de même nature qui s'unissent pour développer, dans cette agrégation, des propriétés de leur nature : leur matière et leur principe d'être s'unissent.

Mais, voilà que ces corps simples s'unissent d'une autre manière avec d'autres corps simples ; et je dis d'une autre manière puisque, dans le cas précédent, c'était des êtres de même nature qui, par leur union, formaient de simples agrégations ou fragments de même nature ; tandis que, dans le cas nouveau, ce sont des réunions de natures différentes qui se joignent et vont donner lieu à une composition différente des deux premières. Ainsi, par exemple, l'*oxygène* et l'*hydrogène*, qui sont tous deux des gaz de natures différentes, vont s'unir et produire un liquide : l'*eau;* ou bien le *magnesium*, qui est un métal, va s'unir au gaz *oxygène*, et leur produit sera une sorte de terre : la *magnésie*. Nous voici au cœur même de la difficulté.

La chimie qui analyse, c'est-à-dire, décompose, puis recompose les corps composés, nous déclare que l'eau est formée de deux volumes d'hydrogène et d'un volume d'oxygène; de sorte que chaque atome ou partie infiniment petite d'eau contient deux atomes d'hydrogène et un d'oxygène. Nous n'y voyons, pour notre part, aucun inconvénient, et nous disons qu'il est très-acceptable que deux petits êtres d'hydrogène se soient emparés d'un petit être d'oxygène, ou que le petit être d'oxygène se soit emparé de deux petits êtres d'hydrogène pour faire un petit être d'eau : nous n'y voyons aucun inconvénient. Les Formes substantielles, les principes d'être se sont unis pour former un être nouveau dans leur conjonction; car cet être nouveau n'a l'être qu'en raison des deux êtres qui sont en lui, et les propriétés dont il est doué ne peuvent être que les résultats des deux principes actifs qui se sont unis. Autrement, d'où tirerait-il l'être et l'activité qui le caractérisent, et que seraient devenus les êtres et les activités qui l'ont produit? La chimie n'a rien à redire, à notre avis, car elle-même nous déclare que le composé est si bien la résultante des composants qu'il lui suffit de dissoudre la combinaison pour retrouver ses deux éléments.

C'est ici que le thomisme, je devrais l'appeler le péripatétisme, de son nom vrai, ne veut rien entendre, et nous déclare que le principe d'être de l'oxygène disparaît, également le principe d'être de l'hydrogène; que leurs matières premières s'unissent seules ; que dans le fond de cette matière première rentrent *in virtute* les deux principes disparus, pendant que de ce fond émerge *in actu* le principe de l'eau qui y était *in virtute*. Et lorsque l'eau redevient oxygène et hydrogène, c'est que les matières premières se séparent, que le principe de l'eau y rentre *in virtute*, pendant que les principes d'oxygène et d'hydrogène reparaissent en passant de l'*in virtute* à l'*in actu*. La chimie écoute, en ouvrant de grandes oreilles, et déclare que tout ce joli petit manége de principes qui paraissent, disparaissent et reparaissent, l'un chassant l'autre sans en savoir le motif, et sans qu'on puisse comprendre d'où ils viennent et où ils vont, est, sans doute une charmante invention, mais de l'imagination pure; et qu'au fait, si cette gentille chose veut dire que l'eau n'est point formée d'oxygène et d'hydrogène, que les composés ne sont point formés de leurs composants, ce que veut, en effet, le péripatétisme, cela n'a pas le sens commun, qu'il faut voir les faits et des faits irrécusables.

Cette tenacité du péripatétisme survivant encore chez certains esprits, à notre époque et sous le couvert des Formes substantielles, est bien singulière! Au fond, cette théorie nie l'être et la substance de l'être; car, en fin de compte, où est l'être? Ce qu'elle veut en réalité, c'est que tous les corps de la nature, tous les êtres matériels ne soient qu'un seul même être qui détient des puissances multiples capables de lui donner des formes ou modes d'être divers selon les circonstances. La matière, suivant ce système, n'a pas d'être réel, on ne le voit nulle part; et si cette matière première a un être, chacune des formes qu'elle peut développer n'est qu'une de ses puissances; de sorte que les êtres mêmes n'ont pas d'être, n'étant que des puissances de la matière; ce sont des modalités diverses, sous lesquelles la matière se traduit. Mais cette immense matière première qui n'a pas d'être propre, qui, par cela même, n'a pas de substance propre, et qui détient dans son fond, sans qu'on sache ce qu'est ce fond, cette multitude de principes formels; qui produit ces formes tantôt par ci tantôt par là, pour apparaître en les prenant comme un vêtement selon l'occasion; qui déclare ensuite que ces formes qu'elle émet sont des Formes d'être: c'est du vrai, du pur panthéisme matérialisme. Il y a bien là une idée de l'être, une aspiration à connaître l'être; mais cette idée et cette connaissance qui semblent vouloir sortir du panthéisme, y nagent, en réalité, à pleine brassée. Les êtres ne sont dans cette théorie que des modalités variées d'un même être.

Qu'il y ait, comme nature première de tous les corps, un même être commun, la matière première, dont la nature nous est inconnue puisque nous ne pouvons l'isoler, cela est possible; mais, si cette matière est seule l'être, tous les êtres qui en sont formés ne sont pas des êtres, ce sont seulement des modes d'un même être. Ou bien cet être a été livré en pâture à des Formes substantielles qui se le sont partagé pour, avec lui, former des êtres nouveaux; et alors cet être premier vit de cette vie nouvelle qu'il a acquise sous les Formes substantielles qui ont transformé son être et sa nature. S'il n'existait plus pour avoir perdu son être en passant sous la Forme substantielle, alors il ne serait pas; il ne serait rien, et la Forme se serait unie à un rien. Mais plus encore : ces Formes substantielles elles-mêmes ne sont rien si elles ne subsistent point, si elles ne sont que des puissances de l'être premier, si elles peuvent disparaître et reparaître comme de simples potentialités de la matière, au gré de cet être qui serait la matière première sans être. Ce mélange de la doctrine de l'être avec la doctrine du devenir panthéiste, est le comble de l'imbroglio.

Et, tout cela, pour nier un fait avéré qui est aussi évident que le soleil, à savoir que les composants d'une combinaison sont bien les éléments du composé ; que le pain est bien fait avec de la farine et de l'eau, que la rouille est bien faite avec de l'oxygène et du fer, que l'eau est bien faite d'oxygène et d'hydrogène, que la chaux est faite de calcium et d'oxygène, et ainsi des autres !

Il faut pourtant bien prendre son parti de voir les choses comme elles sont, et reconnaître que, si un être peut prendre une autre forme, c'est qu'il a en lui la possibilité de prendre cette autre forme, de produire des propriétés nouvelles sous un nouveau mode d'être. L'oxygène et l'hydrogène forment de l'eau parce que leurs principes d'être détiennent chacun, sous leur forme propre, des propriétés qu'ils développeront en commun sous un mode d'être qui leur sera commun et sera l'eau. Le ver devient papillon : c'est le même être sous deux modes différents, qui ne change pas d'être en passant de l'un à l'autre. De même l'oxygène et l'hydrogène, en se combinant pour former de l'eau, ne changent point d'être, ne perdent point leur être pour prendre une autre manière d'être en unissant leurs Formes substantielles: ce sont des êtres différents qui, en s'unissant, prennent un mode d'être commun sans perdre leur principe d'être.

Prenons tous les composés où l'oxygène acidule un autre corps simple: tous les composés ont des caractères communs en raison du même être oxygène qui entre dans leur composition. Tous les composés où l'hydrogène forme un hydrure avec un autre corps simple sont de même; de même tous les iodures, composés où entre l'iode; tous les bromures, où entre le brome; de même tous les sulfures, et ainsi de suite. Ce qui revient à dire que tous les composés où entre un même corps ont des caractères communs qui dénotent la présence et le rôle de ce corps.

Prenons maintenant des composés plus complexes, des combinaisons ternaires, où l'oxygène ayant acidifié un corps simple, et oxidé un autre, l'acide s'unit à l'oxide pour former un sel: tous les sulfates ont des caractères communs, de même les chlorates, les chlorhydrates, les borates, les arseniates; tous les sels de chaux ont aussi des caractères communs, tous les sels de soude de même, tous ceux de cuivre, de fer, de platine, de plomb, et, en un mot, tous les sels sont de même.

Enfin, c'est un fait certain que tout composé représente dans son poids le poids de ses composants; de sorte, par exemple, qu'un équivalent d'oxygène pesant huit grammes et un équivalent d'hydrogène pesant un gramme donnent, par leur combinaison, un poids de neuf grammes d'eau; et ainsi de tous les composés. Ce point particulier est capital. Car, chaque corps a son poids propre, à ce point que le poids d'une substance est la caractéristique d'un être qu'on ne peut interprêter sans son principe d'être.

La représentation du poids composant dans le composé est un témoignage indéniable de la présence du composant.

Partant d'un bout à l'autre de la chimie, les combinaisons et décompositions montrent que les corps simples s'unissent pour former les composés, et que ces composés n'existent qu'en raison de la présence de leurs éléments; de sorte que tous les corps nous offrent des modes d'être selon lesquels peuvent exister les êtres substantiels premiers qui les produisent par leurs combinaisons. La Doctrine de l'être, qui est la vraie d[illegible]ine des formes substantielles, apparaît alors dans tout son jour et sa vérité. Nous voyons les êtres que Dieu a créés subsistant partout avec leur principe d'être, leur Forme substantielle, qui est la raison de toutes les activités qu'ils peuvent produire. Nous voyons ces êtres s'unissant de mille et m[illegible]le manières pour se métamorphoser et développer toutes les propriétés que leur principe est capable de produire sous mille et mille modes d'être qu'ils peuvent revêtir. Partout et toujours, en tous sens et en tous lieux, l'être apparaît toujours subsistant, toujours vrai, toujours le principe du phénomène sous les modes infinis qu'il peut prendre.

Il est impossible de méconnaître combien cette *science affirme* la doctrine des Formes substantielles prise comme doctrine de l'être, ce qui est le seul sens vrai de la doctrine; alors qu'au contraire, la théorie péripatéticienne ne peut formuler l'être, et même le nie en le noyant dans un panthéisme matérialisme. Enfin notre interprétation d'accord avec tous les faits, que le péripatétisme est obligé de nier, prend la science corps à corps sans la violer sur aucun point, la féconde en lui infusant la doctrine de l'être, et la débarrasse du matérialisme atomistique comme nous l'avons entrevu, et comme nous allons nous en convaincre plus amplement.

CHAPITRE IX

La doctrine des Formes explique seule les êtres en chimie; l'atomisme n'explique que des conditions d'être.

La chimie abandonnée à elle-même, méconnaissant la doctrine des Formes substantielles, en se la voyant présentée sous des traits qui choquent les faits constants et avérés de tout ce qu'elle sait, de tout ce que mille et mille expériences confirment de tous côtés, devait fatalement accepter l'atomisme comme le système philosophique qui cadrait le mieux avec son savoir. Elle constate que chacun des corps différents a pour type de leur nature le rapport du volume au poids, ou la densité; que les corps divisibles jusqu'à une extrême limite se combinent molécule à molécule, ou atome à atome, et que le poids d'équivalence, selon lequel les combinaisons s'opèrent, peut se réduire à un poids d'atome. Tout lui parle de la combinaison, de la dissociation et de la recombinaison des corps par atomes, et selon des lois mathématiques de quantité; tout est pour elle dans la quantité, quantité de volume et de poids, et surtout quantité de rapport du poids au volume, quantité dont l'espèce se représente toujours par l'atome. Elle a donc une tendance naturelle à tout voir, à tout apprécier, à tout interpréter par les atomes; et elle croit voir ainsi que la nature a pour éléments les atomes dont les combinaisons forment et expliquent tous les corps de la nature.

Mais nous ne devons pas laisser l'atomisme sur nos dernières: il faut nous arrêter pour lui bien faire voir qu'il ne saurait expliquer la nature des êtres même matériels, comme l'ont cru des anciens, comme le croient des modernes; de sorte que les sciences physico-chimiques, comme les autres sciences naturelles, ne peuvent s'établir solidement sans la doctrine des Formes substantielles. Ce point doit être posé pour la chimie d'abord, pour la physique ensuite; après quoi nous viendrons aux êtres organisés, pour reconnaître chez eux le rôle de la matière et de la Forme.

D'ailleurs, comme pour affirmer la vérité qui doit renverser ses propres erreurs, la chimie proclame, atteste, démontre comme une doctrine assurée sur tous les faits qu'elle connaît, que tous les corps de la nature se présentent sous des *types* fixes, déterminés, et pour ainsi dire immuables dans leur essence. Tous les corps prennent des formes définies, avec des propriétés également fixes et définies selon leur nature; de sorte que, par exemple, toute partie de sulfate de soude, autant qu'elle sera pure, représentera les propriétés de tout sulfate de soude possible; et ainsi de tous les corps composés. Et tous ces corps composés sont formés de corps simples dont la nature est également partout la même, sont reconnaissables aux mêmes propriétés, et donnent par l'analyse les mêmes éléments composants. Elle constate de même que l'oxygène, l'hydrogène, l'iode, le soufre, l'or, l'argent, en un mot, tous les corps simples sont partout les mêmes autant qu'ils sont purs, de sorte qu'une partie de ces corps est toujours semblable à une autre partie de même nature, et de même quantité.

Or, rien ne peut expliquer cette fixité de la forme des corps selon leur type si ce n'est la présence d'un principe qui donne à chaque corps sa nature et les propriétés qui en dépendent. La quantité de matière peut se présenter comme une condition de l'existence du corps, mais ce n'est point elle qui fait la nature de ce corps; il faut que toute quantité soit déterminée par un principe qui lui donne sa forme d'être pour constituer un corps.

Les composés en sont un premier exemple. Il faut une partie de soufre et, trois parties d'oxygène pour faire de l'acide sulfurique; et au contraire, si vous ne mettez que moitié moins d'oxygène vous produirez de l'acide sulfureux : voilà deux faits où il semble que la question de quantité soit tout. Mais, si nous y regardons, nous verrons bien que c'est là une erreur. Et, en effet, nous ne pouvons faire de l'acide sulfureux et de l'acide sulfurique qu'avec du soufre et de l'oxygène ; ce n'est pas une quantité de matière quelconque qu'il faut, ce n'est pas deux de ceci et trois de cela, ceci et cela étant n'importe quoi ; c'est le soufre et l'oxygène qui sont nécessaires absolument. Il est vrai qu'il faut tant de l'un et tant de l'autre pour faire un composé, tant de l'un et tant de l'autre encore pour faire un autre composé, et la quantité des composant a une influence sur la nature du composé; mais il faut surtout la nature des composants pour faire la nature du composé; de sorte que le principe d'être de celui-ci n'est qu'en raison des principes d'être des autres. Cela nous démontre, comme nous le disions plus haut, que les principes d'être des composants se combinent pour produire la Forme substantielle du composé; et cela nous prouve aussi que la quantité de matière de l'un et la quantité de matière de l'autre sont simplement des conditions de relations entre les composants. Nous disons donc à la chimie que ses questions de quantité et d'atome ne nous étonnent point, et s'expliquent très-bien comme conditions de l'être des corps, mais qu'une condition d'être n'explique pas l'être qui n'est explicable dans son être que par son principe d'être.

Ainsi, à côté de la question de quantité, et avant elle, il y a la question d'être qu'elle n'explique pas. L'être est une question de nature qu'explique seulement le principe d'être; la nature du soufre est différente de celle de l'oxigène. La quantité est une question de condition fort importante sans doute, dont la chimie a très-raison de tenir compte, puisqu'elle explique comment l'être prend sa réalisation: mais c'est là une condition d'être, non un principe d'être.

Ce qui est vrai pour les corps composés est tout aussi vrai pour les corps simples. Ceux-ci se présentent tous avec des conditions d'être distinctes qui affirment leur nature; chaque corps a un poids particulier comparé à son volume, ou, autrement dit, sa densité, son poids spécifique, son équivalence. Chacun vaut tant selon son poids et son volume comparé avec un autre; et, pris dans un gros fragment, il en sera de même que dans la plus petite partie possible nommée un atome. Tout cela est très-juste, et il n'y a rien à redire. Mais, je demande au chimiste en quoi consiste cette équivalence, et je lui montre qu'il lui est impossible de l'expliquer sans une nature ou principe d'être.

Et, en effet, l'atome est la plus petite partie possible d'un corps; elle est forcément égale à la plus petite partie possible de tout autre corps. Nous disons que le poids spécifique du corps sera le rapport de son poids à son volume, c'est-à-dire que, sous un même volume, sous une même mesure, le poids de l'un sera plus considérable que celui de tel autre. Cela fait, arrivons à la divisibilité la plus extrême de deux corps, et nous trouverons que l'atome représentant cette extrême divisibilité sera toujours plus pesant chez l'un que chez l'autre. Et d'où vient que cet atome est plus pesant dans un corps que dans un autre, si ce n'est en raison de sa qualité, c'est-à-dire de sa nature, c'est-à-dire de son principe d'être, non de sa quantité de matière? L'hydrogène est seize fois plus léger que l'oxygène: cela ne veut pas dire qu'il y a plus de matière dans l'oxygène que dans l'hydrogène, car la plus petite partie de l'un sera toujours égale en quantité à la plus petite partie de l'autre. Les atomes étant semblables de mesure, leur poids sera différent dans l'énorme proportion de 1 à 16. Si donc l'atome de l'un est plus pesant que l'autre, ce n'est pas en raison de la quantité de matière, mais de sa qualité, ou de sa nature d'être.

Un chimiste de notre temps, des plus éminents d'ailleurs, eut un jour la folle idée de présenter à sa compagnie, l'*Académie des sciences*, un mémoire prétendu lumineux, où il établissait que tous les corps simples pris ensemble suivent une échelle d'équivalence selon laquelle ils sont placés dans des proportions fixes; et il voulait tirer de là qu'il lui semblait voir un élément atomique premier pour toute la nature; de sorte que chaque corps serait différent des autres en raison de la quantité de ces atomes premiers qui seraient en lui. Un physicien mathématicien très-éminent aussi dans sa partie, mais plus avisé, lui expliqua que l'atome, étant une valeur infiniment petite, avait ainsi la même valeur numérique partout, et qu'on ne peut admettre que les atomes soient des quantités différentes, sans quoi ce ne seraient point des atomes. Le bon chimiste, tout embobiné d'atomisme était, en effet, un bien faible raisonneur; il ne pouvait comprendre comment le poids est indépendant de la quantité, ce qui, cependant, est bien évident. Le poids n'est point le volume, il n'y a point de rapports absolus entre l'un et l'autre, et l'un ne dépend point de l'autre, n'est pas explicable par lui; l'atome, étant la plus petite partie imaginable pour tout corps, a le même volume pour chacun d'eux; et, s'il pèse différemment chez l'un et chez l'autre, c'est en raison de sa nature propre, non de son volume.

Le poids spécifique des corps est donc bien une

qualité d'espèce, chaque espèce ayant son poids propre indépendant de son volume. Mais le chimiste que je viens de citer avait, d'ailleurs, raison quant au fait premier qu'il signalait; il est bien vrai que les corps simples représentent, selon leurs équivalences et leur poids atomique, une échelle où les degrés suivent une certaine proportion, comme on trouve une échelle de classification pour les végétaux et les animaux. Tout a été fait selon le nombre, non-seulement selon le nombre numérique, mais aussi selon le nombre ordonné ou cardinal : il y a pour toutes choses une place qui a son numéro d'ordre, et chaque chose en sa place a une certaine somme de propriétés, dont la plus simple est le poids proportionné au volume ou à la mesure.

Il fau[illegible] bien voir, cependant, que la quantité n'expliquant [illegible]as le poids, le volume étant le même pour des poids différents, ce poids et ce volume ne sont explicables que par la nature de l'être pesant, et cette nature d'être est elle-même inexplicable sans le principe d'être qu'on désigne sous le nom de Forme substantielle. Ainsi, l'atomisme n'est rien comme doctrine d'être; il interprète seulement les conditions matérielles de l'être dans son volume, c'est-à-dire dans sa réalisation matérielle. On a bien raison d'en tenir compte, mais il représente la conditionnalité de l'être matériel, tandis que la Forme substantielle représente le principe même de l'être; ce sont deux rôles différents, et l'un ne supprime pas l'autre.

Il semble que les corps apparaissent ainsi avec deux éléments premiers : l'un qui est leur principe d'être et qui s'identifie avec leur poids, d'où découlent toutes les propriétés d'affinité et de combinaisons, d'où résultent tous les composés multiples, tous les mouvements de composition ou de décomposition; l'autre donne à l'être son volume, sa mesure en rapport avec son poids, et permet à ce corps de se réaliser dans l'espace selon une quantité. Le premier principe est propre à chaque espèce, comme la Forme substantielle, lui donnant l'être en lui donnant sa nature caractérisée par son poids, et qui maintient son existence partout où il peut se trouver, en le faisant se manifester sous des modes différents selon les combinaisons dans lesquelles il entre. Le second principe est ce qu'on pourrait nommer la matière première dont la qualité est l'étendue divisible à l'infini, et dont la division la plus extrême serait l'atome, une partie infiniment petite presque comparable au point mathématique. Alors, l'atome n'est vraiment rien en soi qu'une abstraction de la divisibilité, et c'est l'étendue seule qui est quelque chose dans la mesure, ce dont l'être s'empare pour se réaliser et pour lui donner à elle-même une détermination.

Si quelque chose pouvait autoriser à penser que la matière première n'a pas d'être ce serait certainement cette conception qui identifierait cette matière première avec l'étendue. L'étendue n'a pas de réalité propre; elle n'est que par l'être qui a l'étendue. Elle est comme la quantité, comme le nombre, une quantité ou un nombre de quelque chose; elle n'est point par elle-même. Mais la matière a quelque chose de plus que l'étendue; elle a sa *place* dans l'étendue; elle est quelque chose qui a une place, et c'est parce qu'elle est cela qu'elle a le volume, l'étendue et le nombre. Si elle n'était que l'étendue ou que le nombre, elle ne serait rien par elle-même, mais elle est précisément ce qui possède l'étendue et le nombre, et c'est pour cela qu'elle est quelque chose.

En tous cas, cette question de la matière première importe peu dans notre sujet. Ce que nous voulions faire saisir, et ce qui nous paraît irrécusable, c'est que chaque espèce de corps caractérisée par sa densité est inexplicable dans son être sans un principe d'être ou Forme substantielle. Dès lors, nous devons reconnaître que l'atomisme peut rendre compte des conditions de l'être, mais non de sa nature, et que la doctrine des Formes substantielles est la seule doctrine scientifique applicable aux êtres chimiques, à la condition toutefois de ne point l'interpréter avec le péripatétisme.

D'ailleurs, cette théorie de l'atomisme n'est acceptée par aucun savant dans sa donnée première; personne ne croit plus à la particule indivisible, quelque infinitésimale fût-elle; et on n'accepte plus l'atomisme que comme doctrine d'équivalence, indiquant un même rapport entre deux conceptions de particules très-minimes de corps différents. En même temps que Gassendi relevait Démocrite et Epicure, Descartes objectait à la théorie que l'étendue est rationnellement divisible à l'infini, que toute étendue, quelque petite soit-elle, est encore divisible du moment qu'elle est l'étendue. Il substitua la théorie corpusculaire qui est tout autre chose et sur laquelle nous aurons lieu de nous expliquer plus loin. C'était une conception non moins fausse, comme nous le montrerons, du moins dans le rôle qu'il lui faisait jouer; mais, en tout cas, sa réfutation de l'atomisme est demeurée inattaquable, et il n'est pas un savant aujourd'hui qui ne considère l'atome comme une vue de l'esprit dont on se sert pour exprimer des rapports conditionnels de quantité et d'équivalence en chimie. On se sert encore des atomes en physique pour expliquer également une partie infinitésimale quelconque d'un corps en fonction de chaleur, d'électricité ou de vibration; c'est un mot qui a son utilité pour réduire à l'unité des équations de mouvement; et s'il a ses dangers, comme nous allons le marquer, il faut bien voir qu'il n'est cependant qu'un mot. D'ailleurs, les voies où la physique marche ne peuvent que la mener à sortir de cette conception antique.

Les sciences modernes ne sont point encore arrivées à la conception du *continu* dans les corps, ni par conséquent à la conception exacte de l'*étendue;* l'atomisme les a arrêtées. Elles en sont toujours à expliquer la continuité par le contact des particules atomiques dont le corps serait composé; de même qu'elles expliquent l'*étendue* qui occupe ce corps ou son *volume* par le plus ou moins d'éloignement qui serait entre les particules. Il y a là une contradiction par affolement; car, si le volume dépend du plus ou moins d'éloignement des particules, c'est donc, que celles-ci ne se touchent pas, et si elles ne se touchent pas il n'y a pas de continuité. Comment se fait-il qu'un corps puisse être nécessairement dilaté et resserré, tout en restant continu? Il ne peut pas avoir tantôt plus, tantôt moins d'atomes; et c'est donc si on admet des atomes que ceux-ci peuvent être également plus gros ou plus petits, ce qui est nier leur infinitésimalité! Tout cela est rationnellement inacceptable, et on ne s'est lancé dans ces conceptions imaginaires que parce qu'on a voulu pénétrer la nature intime de la matière qui est impénétrable. Nous aurons lieu de revenir plus loin sur ce sujet, en examinant les conceptions de Descartes et de Leibnitz après celles du péripatétisme.

CHAPITRE X

Les Formes substantielles et l'atomisme en physique.

En physique, le rôle des atomes est peut-être plus dangereux qu'en chimie, car dans cette science le matérialisme des phénomènes n'est point compensé par un aveu des substances. En chimie on est contraint de reconnaître les éléments premiers des corps, ces êtres substantiels dont la nature et les propriétés obligent l'intelligence à percevoir qu'il y a des êtres. En physique, on ne voit plus que de la matière et des force qu'on résume en des mouvements; et encore tend-on à penser que toutes les forces sont des modes d'une même nature, que l'électricité, la lumière, le mouvement se transforment l'une dans l'autre. On ne voit donc plus dans cette science que de la matière et du mouvement, matière divisible en atomes, mouvements explicables par des oscillations d'atomes. Je crois être dans le vrai en établissant que, sous des dehors peut-être plus bénins, la physique est encore plus foncièrement matérialiste que la chimie.

Je regrette que le souffle chrétien n'ait point suffisamment pénétré les sciences pour permettre une réfutation complète des erreurs de la physique matérialiste; cependant cette science offre plusieurs intersections, où on peut faire entrer un levier capable d'ébranler singulièrement son édifice.

Sa principale théorie moderne, celle qui fait sa gloire en notre temps, et dont elle a d'ailleurs lieu d'être fière, car, sous une interprétation fausse, elle dessine une de ses plus admirables conceptions, sa théorie de la transmutation des forces sera peut-être l'instrument de sa chute. Selon cette théorie, tout travail de la matière est le fait d'un mouvement d'atome qui se résout en un autre mouvement équipollent. Ainsi, tout mouvement de chaleur ou d'électricité, ou de lumière communiqué à un corps s'y résout en un travail de mouvements atomiques intimes, dilatation, changement d'état ou de structure; ou y produit un mouvement de composition ou de décomposition; et, de même, tout mouvement de composition ou de décomposition y produit un mouvement d'atomes, de la chaleur ou de la lumière ou de l'électricité. On en déduit ainsi que dans toute la nature, où on ne voit que de la matière en mouvement, chaque mouvement est le fait d'un mouvement antérieur qui se continue et se transforme, et qui, lui-même, se transmet ou se transforme dans de nouveaux mouvements, et ainsi à l'indéfini. Le soleil, centre du monde, est le grand producteur de tout mouvement jusqu'aux extrémités des mondes. Sa rotation et son attraction expliquent les mouvements des astres qui le suivent selon leur distance et leur densité; sa chaleur et sa lumière portent partout la fécondité du mouvement, c'est-à-dire les mouvements qui engendrent les combinaisons et les décompositions matérielles; de sorte que chaque corps dans ses combinaisons ne fait qu'user de calorique et d'électricité qu'il avait emmagasinés antérieurement. Ainsi, par exemple, le charbon de nos houillères est un corps qui résulte de la décomposition de végétaux d'un temps très-ancien : ces végétaux s'étaient emparés du carbone de l'air par l'action du calorique solaire qu'ils emmagasinaient. Ce charbon qui tient cette chaleur solaire emmagasinée, et qu'on brûle dans nos machines, rend cette chaleur qui fait bouillir l'eau et passe ainsi dans la vapeur d'eau pour lui donner sa tension, et cette tension se transforme en mouvement de la machine; de sorte que c'est une chaleur solaire anciennement emmagasinée qui fait mouvoir la machine. Dans une autre application, on montre que la pile électrique donne de l'activité en raison du travail chimique qui se fait, et que cette électricité peut ensuite être transformée en un mouvement mécanique, lequel pourra produire un mouvement chimique.

Il y a là certainement une très-grande, une très-admirable conception, et d'autant plus belle qu'elle constate des faits d'une assurée vérité. Il est très-vrai que tous les mouvements de la nature peuvent se transmuter les uns dans les autres, et que le rendement dans le mouvement est égal au travail producteur. Mais, à y regarder de près, cela ne prouve rien autre chose que le fait d'une permanence de la quantité de mouvement dans la nature; de sorte que cette nature ne peut pas plus augmenter ou diminuer sa quantité de mouvement qu'elle ne peut augmenter ou diminuer la quantité de substances premières dont elle est composée. On voit que tout cela est réglé, soumis à des lois, qu'en un mot le Créateur a été Législateur, et que la créature ne peut d'elle-même ni diminuer ni augmenter, qu'il lui a été donné de changer dans ses modes par des mutations de mouvements, mais qu'elle reste et demeure. On voit qu'en raison de cette immuabilité de quantité, cette quantité ne peut s'augmenter, se condenser sur un point sans se raréfier sur un autre; que les corps simples diminuent là où les corps composés se multiplient; que le mouvement mécanique augmente ou diminue en rapport avec le mouvement chimique; qu'également le mouvement matériel et le mouvement vital se balancent et se succèdent; de sorte que la quantité de vie sur la terre est liée à la quantité de mouvement matériel; que la quantité de vie, s'augmentant elle-même dans certaines epèces, diminue par cela même dans d'autres espèces. Toutes ces lois sont extrêmement intéressantes, et sont dignes de nos méditations, mais il faut voir qu'elles attendent une législation supérieure dans laquelle l'atomisme ne peut entrer que comme une condition mécanique des choses, non comme une cause d'être.

D'ailleurs, ce travail n'est encore qu'ébauché; il faudra venir aux rapports entre le mouvement physique et le mouvement moral; on sera peut-être étonné un jour des relations inconnues qui montrent comment une somme de vices ou de vertus ont des retentissements sur les mouvements physiques de la nature. Les sciences ont leur jour marqué, et il y en a une ici qui attend que le doigt de Dieu ait écrit le grand mot: Laissez aller?

, Que tous les mouvements puissent être précisés et calculés dans leurs directions, et dans la quantité de matière qui est mue, dans les branlements, oscillations ou vibrations, de cette matière, et qu'on ramène par le calcul toutes ces vibrations à des ébranlements moléculaires, atomiques; il n'y a rien là que de très-légitime, la raison n'y saurait répugner d'aucune manière raisonnable. Mais s'ensuit-il que tout cela exprime l'unité de matière, et que l'être ne soit rien dans ces mouvemennts? On l'a pensé, on l'a cru, on a raisonné dans ce sens, on a établi les lois génerales de la lumière, de l'électricité, de la chaleur, du son de la pesanteur, de la densité, de l'élasticité et compressibilité des corps. Cependant, après avoir établi les lois générales très-légitime dans un sens générique, il a fallu venir à voir que chaque corps selon sa nature, c'est-à-dire selon son principe d'être se comporte d'une manière particulière. La loi de la pesanteur règle l'attraction du mouvement centripète dans tout astre, mais elle établit en même temps la loi des milieux qui corrige la règle générique par la règle des densités; et on sait que les densités représentent les espèces ou natures d'être des corps. La loi de compressibilité des gaz, posées comme uniforme sur une première vue de Mariotte, est ensuite corrigée selon la nature des gaz. Les lois de la chaleur et de la lumière sont génériquement vraies, mais à la condition expresse de les appliquer à chaque corps selon sa nature, car chacun d'eux laisse passer, transmet, retient, produit la lumière et la chaleur selon sa nature. Il en est de même du magnétisme qu'on peut considérer d'une manière générique il est vrai, mais aussi pour lesquels chaque corps a sa manière d'être.

On n'a pas encore exploré tout le champ des conditions spécifiques des corps pour chaque mouvement: on l'a seulement entrevu comme je viens de le marquer; et il est déjà reconnu que chaque corps selon sa densité, c'est-à-dire sa nature propre se comporte d'une manière particulière dans son genre de mouvement. La science a commencé par établir les lois génériques, cela devait être; et si on ne peut lui dire que c'était le plus facile, on peut la prier de voir que c'était le plus saillant. Cependant le champ s'élargit; la spécificité des corps s'affiche maintenant, elle s'impose même pour les questions devenues de pratique usuelle, comme l'électricité, la chaleur, la lumière. Il faut voir comment la quantité et l'intensité du mouvement calorique, lumineux et électrique varie selon les corps; il faut distinguer la lumière carbonique de la lumière oxydique, de la lumière éléctrique, de la lumière cuivrique; et on n'en est qu'au début. On cherche, il faut chercher les conditions de production électrique dans chaque corps, trouver la pile dont les éléments donneront le plus d'électricité; et si on a déjà distingné l'électricité lumineuse d'avec l'éléctricité calorique, il faudra sans doute distinguer encore l'électricité de mouvement, et, pour chacun de ces genres, reconnaître, constater les capacités spécifiques de chaque corps.

On peut accepter que tous les corps reçoivent la chaleur d'un foyer commun, et que cette chaleur a des lois communes de propagation et d'effets; mais chaque corps la reçoit, la détient, l'emmagasine, la transmet et en éprouve les effets à sa manière, selon sa nature. Tel comprend plus de chaleur et tel autre moins. Celui-ci change d'état à tel degré, et tel autre à un autre degré. Et puis il n'y a pas seulement la quantité, mais aussi l'énergie, la tension de la chaleur comme pour l'électricité; et, à ce point de vue encore, chaque corps, selon son espèce, a sa manière de se comporter. De même, comme c'est connu, pour la transmission.

En un mot, les lois générales des mouvements de la matière servaient naguère, il y a peu de temps même, de grand cheval de bataille à l'atomisme; les physiciens ne voyaient, ne parlaient que des atomes pour expliquer toutes ces oscillations ou vibrations de la matière. Mais aujourd'hui déjà, on entend moins parler de la matière et plus parler des corps; car on reconnait que ce n'est pas de la matière seulement qui est lumineuse, chaude, électrique, magnétique, sonore ou en mouvement, mais que ce sont des corps particuliers, distincts les uns des autres; et que la matière génériquement prise dans tous explique seulement des lois génériques, tandis que cette matière spécifiée en chacun d'eux interprète seule leurs propriétés particulières. Ainsi arrive en physique l'idée spécifique des corps qui en avait été d'abord exclue, et qui va bientôt s'imposer comme une des conditions de la science. En même temps que la théorie atomistique, prendra nécessairement une position secondaire, pour interpréter des conditions seulement génériques, l'être des corps en s'accentuant, en s'imposant, entraîne nécessairement la condition du principe d'être ou des Formes substantielles. L'atome n'explique pas la nature d'être; pour cette nature d'être, il faut un principe, et c'est lui seul qu'on peut invoquer si chaque être a ses propriétés spécifiques en physique comme en chimie.

Plus ce mouvement scientifique va s'accentuer, plus aussi apparaîtra, si je ne me trompe, ces deux conditions telles que je les signalais plus haut le principe informé subsisistant dans le composé avec ses aptitudes à l'être, rendant cet être possible dans ses activités; et le principe informant donnant au principe informé d'être d'une manière nouvelle, en utilisant ses activités sous un mode nouveau. Car, ici encore, nous le remarquons comme nous l'avons fait plus haut; le principe informateur ne donne pas l'être au principe informé, lequel a son être déjà, être qu'il ne pourrait perdre sans cesser d'être. Ainsi, la matière première susceptible de mouvement, de chaleur, d'électricité, de lumière passe sous la puissance des Formes substantielles qui, avant elle, constituent une espèce de corps avec des propriétés particulières de pesanteur, de chaleur, de lumière, selon sa nature propre; de sorte qu'en physique comme en chimie nous trouvons que le principe informé passe sous le domaine du principe informateur sans perdre son être et ses activités, et pour exister sous un mode nouveau dans son cet être et ses activités que trans forme et qu'utilise le principe informateur. Mais remarquons en même temps comment la doctrine des Formes substantielles, ainsi interprétée, se prête sans rien perdre de tout son esprit à éclairer les sciences physiques et chimiques, ne récusant rien de ce qu'elles ont de solide et, en même temps, balayant la vaine poussière de l'atomisme qui les ensablait. Là où cette doctrine s'impose le matérialisme s'évanouit.

CHAPITRE XI

Le principe informateur et le principe informé dans les êtres vivants; le danger du manichéisme, et la nécessité de l'unité de l'être.

Ce que nous venons de voir de la doctrine appliquée aux corps inorganiques permet d'entrevoir ce que nous devons trouver dans son application aux corps organisés; un principe aussi important ne semble devoir être vrai qu'à la condition de s'adapter exactement à l'interprétation de tous les êtres de ce monde. Mais ce n'est point assez d'entrevoir les choses; plus elles sont importantes, plus il faut s'assurer exactement et profondément de ce qu'elles sont réellement.

L'être vivant nous apparaît comme le produit d'un principe informateur qui lui donne d'être ce qu'il est, et d'un principe informé qui lui permet de réaliser son existence sous le mode où nous le voyons: la Forme substantielle de l'être, et sa matière, ou son âme et son corps. C'est le principe premier qui donne au corps sa forme d'être, son mode d'être, qui le met dans sa situation d'être, et, de là, son nom de Forme substantielle; il lui donne d'être cette substance particulière que nous lui voyons.

Ce principe est uni au corps sans intermédiaire, et on ne voit aucunement l'utilité d'un intermédiaire. On a prétendu, il est vrai, que le principe d'être est trop spirituel, et le principe corporel trop matériel pour pouvoir se joindre; mais la difficulté d'union serait encore accrue par un principe intermédiaire qui devrait être moins matériel que l'un et moins spirituel que l'autre. De ce qu'il serait moins matériel il n'en aurait pas plus de puissance sur le corps, et serait trop spirituel encore pour agréer au corps! D'ailleurs, il lui faudrait enchaîner l'un et l'autre, ce qui devrait le faire supposer supérieur aux deux conjoints, et cela serait contraire à sa nature, car, étant intermédiaire, il est supérieur au corps et inférieur à l'âme!

Toute la nature répugne dans les unions que nous connaissons à cette invention d'un intermédiaire pour unir deux conjoints. Tous les corps s'unissent dans des combinaisons multipliées à l'infini, et jamais la science n'a pu saisir d'intermédiaire entre l'oxygène et le corps simple qu'il oxyde ou acidifie, ni dans aucune autre union binaire, non plus qu'entre l'acide et l'oxyde s'unissant pour former un sel. Tous les êtres vivants s'unissent par paires pour se multiplier sans qu'on ait jamais saisi ce rôle singulier d'un partner à deux, intervenant pour enchaîner l'époux et l'épouse, subsistant entre eux pour les tenir unis, alors que le simple bon sens fait présumer qu'il les séparerait! On n'a saisi de rôle intermédiaire, que dans des relations multiples, où l'intermédiaire est lui-même un conjoint, à moins qu'il ne soit une sorte d'étage hiérarchique entre deux degrés éloignés. La nature ne fait pas de sauts, disait Leibnitz, et il faut toujours un second entre le premier et le troisième; mais enfin, il y a toujours un passage d'un degré à un autre, et cela est un saut malgré le dire du grand homme; ce qui prouve qu'il y a bien des degrés, mais qu'entre eux il n'y a que la conjonction.

L'union entre le principe d'être et le corps est donc immédiate, comme l'union entre deux conjoints qui se portent l'un vers l'autre pour réaliser leurs aspirations. Et, en effet, sans le principe informateur, le corps ne saurait aspirer à cette existence qui lui est donnée; et, sans le corps, le principe Formel ne saurait réaliser sa vie dans ce monde; tous deux donnent quelque chose en même temps qu'ils reçoivent, tous deux trouvent de l'avantage à cette union; cela suffit à expliquer qu'ils la forment.

Remarquons d'ailleurs que le principe informateur est tout entier en sa nature dans chacun des points du corps où nous le voyons produire de l'activité, bien qu'il se manifeste sur chacun de ces points avec un mode d'activité particulière. Je sens très-bien que mon moi est bien mon moi dans ma tête, dans ma poitrine, dans mes bras, dans mes jambes, en un mot, dans chacun des points de mon être, bien que, dans chacun de ces points, ce moi apparaisse sous un mode différent: l'être est un dans tout son être, comme mon moi est un dans toute ma personne; chacune des parties de l'unité est comprise dans l'unité et retrace l'unité dont elle fait partie. Une portion quelconque de l'être évoque tout cet être dans son unité parce qu'elle n'est explicable que par lui; de sorte qu'une portion quelconque de ma personne ne peut être expliquée que par ma personne dont elle dépend; de même que, pour un végétal, une partie quelle qu'elle soit, une simple feuille par exemple n'est explicable et ne peut être comprise sans l'être végétal dont elle est fonction partielle.

On comprend ainsi comment le principe formel n'est pas contenu dans la matière de son corps, mais la déborde, en forme les contours et, par cela même, la dépasse; absolument comme la figure d'une statue déborde le marbre de cette statue, et contient plutôt ce marbre qu'elle n'y est contenue.

Par là on se rend bien compte comment cette Forme substantielle débordant le corps en même temps qu'elle y plonge pour vitaliser chacune des moindres parties, peut avoir une action extra-corporelle, action dans laquelle son activité se développe sans la participation intrinsèque du corps. C'est ainsi que chez l'homme doté de facultés rationnelles dont le jeu exige que la matière n'y soit pas mêlée, l'âme vivifie tout le corps, lui donne son être vivant dans toutes ses parties en même temps qu'elle émerge du composé pour donner les abstractions de l'intelligence et toutes les activités propres qui s'y rattachent.

C'est ce point de la question mal compris, mal saisi par Aristote qui ne connaissait pas entièrement l'être, plus mal saisi encore par Averrhoës, exploité par toutes les sectes du manichéisme, qui donna lieu à l'idée d'un principe intérmédiaire dont je parlais plus haut. En réalité, on tenait bien moins à faire intervenir un principe intermédiaire entre l'âme et le corps, qu'à faire accepter deux âmes d'ordres différents : l'une tout à fait supérieure, rationnelle, ne s'occupant que des choses de l'esprit ; et l'autre plus inférieure occupée de la vie du corps. C'est ce manichéisme, issu d'une incomplète conception de l'être, qui fut le grand adversaire de la doctrine chrétienne de l'être, et, par cela même, de la doctrine des Formes substantielles ; et c'est contre lui que luttèrent tous les grands philosophes chrétiens depuis saint Grégoire de Nysse, saint Bazile, saint Augustin, jusqu'aux grands maîtres du moyen-âge, en particulier saint Thomas qui les confondit définitivement ; et c'est lui qui, confondu mais non détruit, vit encore comme un serpent sous les fleurs chez beaucoup d'hommes de notre temps, bons esprits d'ailleurs, quoique égarés sur un point essentiel.

La nécessité absolue de combattre cette erreur, dont les conséquences peuvent aboutir à des dangers inouis, porta les maîtres et en particulier saint Thomas à bien définir le rôle de la Forme substantielle pour faire comprendre que ce principe est unique, qu'il est un, qu'il est le principe de l'être dans tout l'être, dans l'homme comme dans tout autre être, et que, chez l'homme il est tout à la fois la vie du corps et la vie de la raison. Du moment que nous admettrions que le corps peut avoir une vie propre distincte de l'âme rationnelle, nous accepterions deux principes d'être dans notre nature, et nous voilà, peut-être malgré nous, en plein manichéisme.

Il semble que ce soit peu de choses ce manichéisme, nous en sommes loin aujourd'hui, du moins en apparence; mais s'il relevait un peu plus franchement le tête qu'il ne le fait, nous serions effrayés, car il n'a d'égal pour la perniciosité de son venin que le matérialisme le plus achevé! Admettons un instant par l'imagination que nous avons deux âmes, l'une pour notre raison, l'autre pour notre corps, même en acceptant que la seconde ne saurait se maintenir sans la première, voilà de suite notre personne en deux personnes, l'une qui vit dans son corps. l'autre qui vit dans son esprit. Elles sont accolées, elles sont unies, mais elles ont chacune leur département, et même une certaine indépendance. Si l'une se trompe l'autre peut en souffrir; mais, après tout, s'en lave les mains, et dit: ce n'est point moi, c'est l'autre! Le cavalier, dira-t-on, peut-il être responsable des fantaisies, des écarts, des bonds, des sauts, des vices de sa monture? Et la monture, dira-t-on encore, peut-elle être toujours le serviteur absolu d'un cavalier qui la connaît mal, qui ressent mal ses besoins et ses nécessités; qui, sous prétexte de spiritualité, la veut réduire jusqu'à l'épuisement, qui la veut mener dans des pâturages désolés, la croit satisfaite quand lui-même a ce qu'il désire?

Mais cette idée du cheval et du cavalier n'est encore qu'une allégorie: le manichéisme vous demande les principes, vous les pose, vous établit qu'il y a là deux natures différentes accolées, liées l'une à l'autre pour une existence où chacune d'elle doit avoir sa vie! Et alors, que l'âme spirituelle avec sa nature s'envole sur les nuages de la fantaisie ou dans les vapeurs brûlantes de la contemplation séraphique, si elle le désire; mais que le corps. avec son âme corporelle, aille à ses satisfactions, à ses besoins, à ses nécessités, à ses jouissances; la vie de l'un n'est point celle de l'autre, chacun ne répond que pour soi; Dieu ne demandera compte à l'âme spirituelle que de ses élans vers Lui; le corps n'a pas à répondre de prétendues souillures qui ne sont que ses entraînements naturels à la jouissance pour laquelle il est fait, et dont la trace, d'ailleurs, s'évanouira dans sa poussière! Qu'on prolonge ces conséquences, et on n'ose songer à la profondeur d'immoralité où l'homme peut aller, où ont pu tomber les manichéens de l'Orient comme ceux des Albigeois! Du reste, nous en avons encore une ombre sous une nouvelle forme, comme nous le montrerons plus loin.

En réalité l'homme n'est qu'un et non deux. Il sent bien en lui des élans divers dans des voies différentes, comme des puissances divergentes d'un même être appelé à des activités différentes. Il sent en lui la tendance au repos et à l'activité, à la jouissance des sens et à la jouissance de l'esprit, à la sensibilité et à l'action, au grand et au petit; en un mot, il se connaît en lui des contradictions dans ses aspirations; mais, en même temps, il reconnaît parfaitement que c'est bien lui, toujours le même lui qui vibre sous ces modes divers. Il s'écoute, s'interroge et à la conscience invincible, que c'est bien son moi tout entier qui se porte dans une de ces voies diverses où il s'engage; et il en a pour preuve irrécusable qu'il ne peut se donner à une de ces activités sans s'amoindrir dans les autres, qu'il ne peut être actif sans cesser d'être au repos, ni se livrer à la sensibilité sans amoindrir ses mouvements, ni se donner à la jouissance sensuelle sans affaiblir sa jouissance spirituelle, ni s'amoindrir sans cesser d'être grand. Il conçoit le bien absolu comme un bien moral qui est le bien de tout son être et qui n'est pas seulement la jouissance d'une fraction; il se sent des activités différentes, mais en même temps il en conçoit la hiérarchie et, par cela même, l'unité. Il n'est qu'un être, qu'un moi, qu'une personne, et il se reconnait tout à la fois dans sa raison et dans son corps.

Cette vérité d'unité de l'être, que la raison et tout dans l'être affirme et démontre, est donc un principe d'une importance capitale qu'on ne saurait laisser entamer sous peine de tomber dans l'erreur, et dans une erreur terrible. Là où il n'y a qu'un être il ne peut y avoir qu'un principe d'être; et dire le contraire c'est ne pas savoir concevoir l'être. La doctrine des Formes substantielles n'est donc vraie, rigoureusement vraie, qu'à la condition de démontrer expressément que le principe formel est l'unique principe de l'être dans sa raison et dans son corps tout à la fois.

C'est là ce qui constitue absolument la doctrine de saint Thomas, et ce qui était, en même temps ce qui est la doctrine catholique. Saint Thomas lui a donné philosophiquement sa dernière rigueur. Elle a pour essence d'affirmer que, dans l'être vivant, dans l'homme, toute activité de cet être a pour principe son âme.

Cependant cette doctrine comporte-t-elle la nécessité d'exclure toute participation des éléments corporels à l'activité de la vie? c'est bien ce que prétendent les disciples de saint Thomas réunis sous le nom de thomistes, mais le contraire semble plus plausible d'après les principes d'application chimique et physique indiqués plus haut et d'après les données de la physiologie. C'est là le débat qui s'est élevé à propos de mon *Traité d'anthropologie*. Tout ce qui précède en a suffisamment indiqué l'importance et les conséquences diverses ; tout se concentre dans le nœud de la difficulté où nous nous trouvons, et qui se présente sur un terrain bien autrement délicat que celui de la matière première, de la chimie et de la physique.

CHAPITRE XII

Du rôle des éléments inorganiques et des composés organiques dans le corps vivant ; le materia participans et impressa.

La question se résume donc, au point où nous en sommes arrivés, à déterminer quel rôle jouent les éléments inorganiques, et si ce rôle présente quelque analogie avec celui que jouent les substances simples dans les composés chimiques et encore comment ce rôle ne nuit pas à l'unité de l'être.

Au premier abord, il semble naturel que la solution soit la même dans les deux cas ; car une loi de constitution aussi importante doit régner sur tous les êtres composés, avec des différences qu'expliquent les différentes natures. Examinons les faits, nous viendrons ensuite aux interprétations.

Le premier fait qui nous frappe, c'est la constitution définie des composés organiques. Chaque corps vivant et chacune de ses parties, présente une composition définie dans laquelle nous retrouvons, par l'analyse, les éléments inorganiques simples, l'oxygène, l'hydrogène, l'azote, le carbone, le soufre, le fer, la chaux, la soude, la silice, la potasse, la magnésie, et quelques autres. Si nous prenons un corps vivant d'une espèce végétale ou animale déterminée, nous trouvons les éléments inorganiques simples dans une quantité donnée; et tout corps vivant de la même espèce nous donnera les mêmes éléments constitutifs, en même quantité. Et si, au lieu de prendre le corps tout entier, nous prenons une de ses parties: les feuilles, les branches, les fleurs, le tronc, les racines, l'écorce, les fibres, ou la peau, les os, les muscles, le tissu nerveux, les glandes, les vaisseaux, le sang, la lymphe, chacune de ces parties se représentera avec une même constitution élémentaire définie, que nous retrouvons toujours la même dans les mêmes parties prises chez des corps d'individus appartenant à la même espèce.

Voilà un premier fait capital, et dont l'enseignement est irréfutable. Les anciens croyaient que le corps vivant était fait de terre, d'eau, de feu, et d'air. Nous sommes allé plus avant, et nous savons qu'il contient un certain nombre de substances simples combinées en quantité déterminée; de sorte que sa constitution n'est pas d'une matière indéterminée quelconque, mais qu'elle exige telles et telles substances élémentaires, et non d'autres, en quantité déterminée et non indéterminée. Au lieu de ces substances qui le constituent, on voudrait leur en substituer d'autres, par exemple, du plomb, du platine, de l'antimoine, de l'argent, de l'or, ou toute autre différente de celles qui sont nécessaires, la constitution de ce corps serait impossible.

Une confirmation absolue de ce fait-principe nous

est donnée par l'alimentation. En effet, ce corps, lorsqu'il vient d'être produit est très-petit, non encore entièrement formé comme celui de ses générateurs, et il doit s'augmenter, croître, en achevant de se former; il doit ensuite continuer à se réparer, à se refaire dans ses usures, et c'est l'alimentation qui fournit à ce double mouvement de nutrition formatrice et réparatrice. Or, cette alimentation exige qu'on lui fournisse les éléments matériels qu'on retrouve dans un corps entièrement formé, l'oxygène, l'hydrogène, et les autres, ou autrement cette alimentation ne nourrit et ne répare point. Il faut bien du fer et non du plomb ou de l'or pour le sang; il faut la chaux et non du cuivre pour les os; il faut la silice pour les fibres végétales, le soufre pour la fibrine, le phosphore pour le tissu nerveux, le charbon pour les matières albumineuses ou caseuses, ou amidonnées, ou graisseuses, et ainsi de suite.

Si on vient à supprimer dans l'alimentation une des substances nécessaires, le corps languit, devient malade, et meurt. Vous transportez une plante d'un terrain siliceux dans un terrain calcaire ou magnésien, *et vice versa :* la plante qui a besoin de l'espèce de substance que vous lui supprimez, devient languissante, malade, et meurt; il lui faut pour se constituer l'élément qu'elle doit s'assimiler. Vous supprimez le fer à un corps animal, et il devient chlorotique; vous lui supprimez le calcaire dont il a besoin, et il devient rachitique; vous lui rendez ce fer et cette chaux, et il se rétablit.

Voilà bien une démonstration claire, irréfutable,

confirmée par des milliers d'exemples, et sans exception, qui établit que, dans les corps vivants comme dans les composés purement matériels, les éléments entrent dans le composé pour y jouer un rôle par leur présence. L'analogie de ce qui se passe dans ces corps vivants avec ce qui se passe dans les composés purement matériels ne laisse plus de place à aucun doute, et montre une loi générale du rôle des composants pour tous les êtres composés.

Mais, allons un peu plus avant dans l'examen des faits, et le rôle des composants va se montrer plus accentué.

Ces corps ne peuvent exister sans le principe d'être qui les fait dans leur type, leur espèce, leur autonomie. Comme nous l'avons vu, c'est ce principe qui leur donne leur être et leur unité de composition et d'arrangement. Dès que le principe d'activité ne se manifeste plus, ce corps est privé de vie, devient cadavre, et bientôt se décompose naturellement, de sorte que les éléments inorganiques qui le constituaient se décomposent pour se recomposer entre eux comme des substances purement inorganiques. Ces éléments inorganiques sont donc dans le corps vivant sous un état de composition particulier qu'ils ne peuvent prendre par eux-mêmes, dans lequel ils ne peuvent se maintenir, se recruter et s'entretenir sans le principe de vie, et en dehors duquel ils redeviennent des éléments de composés inorganiques. Voilà bien qui montre encore leur présence jouant son rôle dans le composé vivant.

Mais il y a plus, il faut remarquer que le principe

de vie qui les maintient dans la composition vivante, et qui est bien le principe de leur recrutement, ne peut cependant s'en emparer directement. Quand un nouvel être se produit, il émerge de parents qui lui donnent un petit amas de matière à demi organisée dans lequel il développe son activité et dont il complète l'organisation en s'accroissant. Sans ce petit amas premier de matière organisée, le petit être ne pourrait de lui-même se constituer un corps, et c'est par l'action de ce petit amas de matière sur des matières environnantes nutritives qu'il agit et opère sa propre constitution, son propre accroissement. Ce petit corps premier, qui n'a qu'une organisation à peine ébauchée, mais qui est déjà une composition vivante formée de substances élémentaires, est donc l'instrument nécessaire au principe d'être pour agir sur les matières étrangères dont il s'emparera pour croître et s'organiser le corps, puis l'entretenir et le réparer. D'où il est visible que la composition organique, qui est en raison des éléments qui la composent, est comme l'instrument matériel de l'être vivant sur les matières qui lui sont étrangères.

Ce rôle instrumental s'accentue d'une manière singulière dans l'action de nutrition, par lequel le corps de l'être va s'accroître et se réparer. En effet, le corps qui a besoin des substances élémentaires que nous avons indiquées: l'oxygène, l'hydrogène, le charbon, l'azote, etc., ne peut croître et s'alimenter sans eux; et, cependant, il ne s'en empare pas directement. Il faut pour qu'il se les attribue, qu'il les prenne à un composé où ils existent, composé avec lequel son propre composé entre en conflit, de sorte qu'il se fasse entre eux un mouvement de double décomposition et recomposition, comme on en observe dans les conflits de combinaisons inorganiques. Ce corps organisé a donc ses propriétés matérielles dans l'être vivant qui le détient, comme le composé purement matériel a les siens, en raison des éléments premiers dont il est formé; et, pour dire plus nettement les choses, ce corps organisé est une sorte d'être qui a ses propriétés, en raison des êtres premiers qui entrent dans sa composition, absolument comme un composé inorganique.

Ce rôle de la matière du corps va s'accentuer d'une manière plus nette encore si nous l'examinons sans son principe de vie.

Le cadavre est un corps qui avait la vie et vient de la perdre depuis plus ou moins de temps. Du moment où le principe de vie l'a quitté, le mouvement de circulation du sang ou de la sève s'arrête, et, en peu d'instant, ce corps vivant qui avait l'unité d'être devient une agrégation de parties dont la dissociation sera plus ou moins rapide selon les parties, en raison de la plus ou moins grande stabilité des combinaisons matérielles que ces parties présentent. Les unes, comme les yeux, les muqueuses, se décomposeront plus rapidement, les autres, comme les os, dureront un temps très-long encore. Au moment où la vie s'arrête, le corps ressemble à un mécanisme qui était en mouvement et dont le moteur est tout à coup supprimé; le mouvement continue selon les parties en raison de l'impulsion acquise. Cette durée peut être variable, suivant la bonne constitution de la machine, et suivant ses parties, selon que l'impulsion donnera une résistance plus ou moins grande dans l'ensemble et dans tel ou tel point.

Ce cadavre n'est plus un corps vivant, c'est une matière. Privé du principe d'être, il n'a point d'être par lui-même que l'être de sa matière, et sa matière n'a d'être qu'en raison des éléments inorganiques substantiels qui font partie de ses combinaisons. Chacune de ses parties est une combinaison particulière qui subsiste en raison des éléments inorganiques dont elle est formée; et qui subsiste dans sa manière en raison de l'impression reçue dans la vie; c'est une matière dont l'être a été impressionné par la vie, c'est une *materia impressa*.

Cependant ces parties cadavériques nous offrent des phénomènes qui sont les mêmes que pendant la vie. Ils ne sont plus liés ensemble, ils n'ont plus de continuité, ils vont s'épuisant; mais, dans leur mécanisme, ils rappellent les phénomènes de la vie. La nutrition se fait encore sur certains points; les ongles poussent, ainsi que les cheveux; la sensibilité existe encore dans certaines parties isolément, on peut l'exciter, et elle répond; la contractilité musculaire répond également dans les points où on l'excite, et pendant plus longtemps. On peut même prolonger, ranimer ces phénomènes dans un membre séparé de l'être, en faisant passer un courant sanguin dans ses vaisseaux; le conflit du composé sanguin avec les composés nerveux et contractiles, redonne à ceux-ci une nouvelle énergie. Cependant, ces parties sont bien mortes, séparées de leur principe d'être, et c'est en raison de leur simple composition matérielle, en raison d'une impulsion vitale qui avait été donnée et qui s'épuise, que ces phénomènes se produisent. D'ailleurs, laissant aller les choses, ces compositions se désorganisent, le composé vivant disparaît sans une dernière trace pour ne laisser que les éléments inorganiques dont il est formé.

Il est bien manifeste par là, que le corps est un composé d'éléments inorganiques qui ne peut être fait sans la vie, qu'il dépend, dans ses combinaisons et dans son arrangement, du principe même de l'être vivant; mais que de ses combinaisons et ses arrangements, dont les éléments inorganiques sont la base, dépendent les phénomènes dans leur réalisation matérielle.

Cependant, poussons plus avant encore dans l'étude des restes de ce cadavre. Certaines parties vont se décomposer rapidement; d'autres vont subsister plus ou moins longtemps, constituant des dépouilles de la vie, composition de substances élémentaires qui ne sauraient être produites autrement que par la vie et qui, cependant, vont se comporter comme des composés inorganiques. On pourra les allier avec d'autres substances et leur donner une durée d'existence très-longue. Ce seront des fleurs, des fibres végétales, des résines, des graisses, du bois, la peau, le lainage, la soie, les os, les cornes et bois d'animaux.

Que sont ces dépouilles organiques? des composés matériels organisés par la vie, et dont l'être ne subsiste qu'en raison des éléments inorganiques qui y entrent, subsistant dans l'état où la vie les a mis en raison de la composition qu'ils forment, et ayant des propriétés matérielles comme tout composé inorganique en raison de leur composition et de l'impression vitale reçue.

Il résulte de tout ce qui précède que les éléments matériels apportent au principe de vie leur être et leur activité, pour lui constituer un corps dont ce principe fera les combinaisons et l'arrangement. Il est bien manifeste que cette matière ne pourrait servir à ce qu'on lui demande si elle n'y avait des aptitudes; et, comme ce sont certaines substances et non d'autres qui sont nécessaires à ce service, ces substances ont manifestement un être doué, par un privilége extraordinaire, de ces aptitudes à devenir des feuilles, des fibres, des fleurs, du sang, de la chair, de la peau, des os. Ces substances ne pourraient par elles-mêmes devenir ces choses; mais leur être possède l'aptitude à ce mode d'être; et il développe ces aptitudes sous le principe de vie qui est chargé de les développer et d'en user en leur donnant une modalité d'être particulière.

Un fait en apparence très-singulier, et qui a eu un très-grand retentissement de notre temps, dont certains matérialistes se sont emparés bien ridiculement, nous permet d'assister par voie de transition au rôle des substances inorganiques dans les corps organisés. Un chimiste distingué, M. Berthelot, est parvenu, dans son laboratoire, à faire de la matière grasse en combinant l'hydrogène et le carbone; comme on parvient à faire de l'eau en combinant de l'hydrogène et de l'oxygène. On a de suite crié à la merveille comme cela devait être, et les matérialistes se sont mis à dire que c'était une insinuation à faire un corps vivant. La sottise ne manque jamais d'accompagner toute grande vérité. On n'a pas fait un corps organisé, que la vie seule peut faire; on n'a point fait de la graisse qui est un tissu de vésicules contenant de la matière grasse; on n'a point fait de la fibrine, ni de l'albumine; on est bien loin de tout corps organisé : on a fait simplement de la matière grasse, comme il s'en fait naturellement dans certaines terres. Mais, enfin, de la matière grasse est déjà une matière qui rappelle les matières organiques; elle est la plus élevée avec les étyles de toutes les compositions inorganiques. Par sa manière d'être, par ses propriétés, elle rappelle, de loin, la vie et la matière des corps vivants; cependant elle n'est formée que d'hydrure de carbone en quantité définie, et elle nous montre comment des substances élémentaires, si éloignées en apparence entre elles, et loin de ce qui est leur combinaison, peuvent cependant produire cette combinaison. Pour que ce fait fut possible, il fallait bien évidemment que le carbone et l'hydrogène eussent l'aptitude, selon une quantité déterminée, et dans des conditions de combinaisons précises, de faire cette composition commune. On ne peut que ce qu'on est apte à être; le platine et l'or ne feraient point de la graisse n'en ayant pas l'aptitude; le charbon et l'hydrogène y concourent parce que cette aptitude leur a été donnée. Ce sont donc bien ces deux êtres élémentaires premiers qui, par leur être et leurs aptitudes, entrent en combinaison pour produire la graisse.

On voit ainsi, par une analogie claire comme le jour, comment les substances inorganiques peuvent entrer dans la composition du corps vivant, y donnant la matière du sang, des fibres, de la chair, des muscles, des os, du tissu nerveux ou des fleurs, des feuilles, des fibres végétales. Il faut que ces substances aient dans leur être des aptitudes à ces combinaisons; car, sans ces aptitudes, ces combinaisons seraient impossibles; mais leur être ne peut se développer par lui-même, et ce n'est que sous l'étreinte d'un principe de vie que cet être peut passer du mode inorganique qui lui est naturel au mode organique qui lui est une sorte de transfiguration. On peut faire de la graisse ou même du camphre, ou même de l'urée dans un laboratoire : la vie seule peut faire du sang ou des tissus organiques.

Il serait certainement intéressant de poursuivre l'étude de ce que devient la matière qui a été impressionnée par la vie; mais cette question nous éloigne un peu de notre sujet principal, et nous ne pouvons en dire que quelques mots, d'autant plus que nous n'avons ici qu'une vue de l'esprit à introduire. Cette matière du cadavre n'a bien évidemment d'être que par ses éléments matériels et ce sont eux qui gardent plus ou moins longtemps la modalité d'existence reçue pendant la vie comme une impression; la vie n'y subsiste plus qu'à l'état d'une marque, d'une sorte de cachet reçu, il n'y a plus là qu'une *materia impressa*. Mais que devient cette impression reçue? Ce n'est point un principe d'être émanant, puisque le principe de vie s'est retiré; ce n'est qu'un mouvement communiqué aux principes matériels combinés et, tout nous montre que ce mouvement va en s'épuisant au fur et à mesure des décompositions organiques, de sorte qu'à un moment donné la matière n'est plus que de la matière, l'oxygène redevient de l'oxygène, le soufre de même, et de même aussi le carbone, le phosphore, la soude, la chaux et les autres substances. Cependant, ces substances matérielles, rendues à elles-mêmes, à leur être propre, ne gardent-elles rien de l'impression vitale qu'elles avaient reçue et qu'elles semblent avoir perdue? Ces substances sont-elles bien, après avoir échappé à la vie, semblables à des substances qui n'ont point participé à la vie? On ne trouve point de différences chimiques, il est vrai, mais de ce que la chimie ne nous dit rien, s'en suit-il qu'il n'y a rien? On n'a pas encore scientifiquement élucidé cette obscurité. Toutefois, la médecine constate que la chaux des coquilles et des os, de même le charbon des parties animales, conservent encore quelque chose de la vie même après avoir été brûlés; et ainsi le charbon issu du végétal agit sur un organisme vivant autrement qu'un charbon animal; le carbonate de chaux, extrait des coquilles animales, agit autrement que le carbonate de chaux chimique. Il est vrai qu'on dit que ces substances ne sont point chimiquement pures! Mais n'est-il pas possible que, même purifiées par des combustions nouvelles ou par des réactifs chimiques, elles conservent encore quelque chose de la vie, qui serait inappréciable chimiquement et qui, cependant, existerait? Il ne nous paraît pas que cela soit impossible, et il nous semble, au contraire, très-acceptable que la matière qui a vécu garde un quelque chose indélébile de l'impression vitale qu'elle avait reçue, un quelque chose qui serait comme un souvenir d'un mode d'existence supérieur auquel la matière aurait participé, dont elle conserverait comme un regret de l'avoir perdu, et comme une espérance d'y revenir, en parlant par allégorie, et autant qu'on pourrait attribuer à la matière des souvenirs, des regrets et des espérances. En tous cas, l'intelligence conçoit très-bien qu'il y a dans les choses des traces indélébiles, des traces que les corps reproduisent sans cesse à moins qu'on ne détruise le corps lui-même, et on conçoit très-bien que, si l'être de la matière subsiste, cet être garde des traces de la vie aussi persistante que son être lui-même. Cela ouvre pour les chrétiens des perspectives rationnelles qui ont bien leur valeur dans la résurrection des corps. Et si cette matière n'avait pas d'être propre, comment pourrait-elle garder une empreinte de la vie qu'elle a vécue, comment serait-elle reconnaissable par l'âme qui la doit retrouver?

Mais, revenons à notre sujet principal. Nous venons d'établir, en suivant strictement les faits connus et ce que la science moderne ne peut qu'accepter, comment l'être matériel entre dans le mouvement vital en y recevant une modalité d'être particulière dont il garde ensuite des traces. Voyons maintenant comment les éléments matériels, privés du principe de leur être vivant, peuvent être porteurs du mouvement de la vie.

CHAPITRE XIII

Du rôle des éléments matériels dans la transmission de la vie ; la materia impressa et la materia impregnata.

Le travail par lequel se transmet la vie, toujours digne d'admiration et d'étonnement, demeurera toujours un mystère comme tout ce qui se passe dans l'intimité des choses. Mais il présente quelques points qui permettent le regard comme à travers une porte entre-baillée, et le rôle des éléments qui accomplissent ce merveilleux travail peut être entrevu. Là aussi nous allons reconnaître combien les éléments matériels jouent par leur être un rôle qui déconcerte l'opinion péripatéticienne.

Deux petits corps microscopiques : l'un l'*ovule,* l'autre le *pollen,* apportent la vie de la mère et du père, et se conjoignent pour produire le nouvel être. Qu'il s'agisse des végétaux ou des animaux et même de l'homme, qu'on donne un nom différent ou semblable à ces deux éléments chargés de transmettre la vie, que ces éléments soient plus ou moins volumineux, et qu'ils présentent ou non quelques différences dans leur être, tout cela importe peu, le travail est toujours le même, et les différences ne touchent qu'au détail.

Nul ne sait en quoi consiste la conjonction de ces deux éléments: c'est là le mystère. Ils se pénètrent, cela parait; mais qu'est cette pénétration, et comment résulte-t-il de là une puissance nouvelle qui constitue le nouvel être? voilà le secret. Cependant, il est certain que si ces deux éléments étaient abandonnés à eux-mêmes séparément, ils tomberaient vite à l'état de cadavre et se décomposeraient comme toute chair qui n'a pas un principe d'être subsistant et immanent. Ils n'ont donc point séparément ce principe de subsistance, ils ne possèdent qu'une puissance ou mouvement d'impulsion comme toute chair séparée d'un être vivant; mais, du moment qu'ils se conjoignent, qu'ils se pénètrent, qu'ils s'unissent dans l'unité, un principe apparaît dans leur union, principe nouveau, principe d'être, principe subsistant. Pour les végétaux et les animaux, on ne voit pas que ce principe puisse être autre qu'une génération, une production nouvelle, de sorte que deux mouvements qui n'étaient que des impulsions engendrent par leur conjonction le principe nouveau subsistant. On peut seulement estimer que le principe était latent, comme la flamme dans le caillou, pour prendre vie au conflit avec son générateur. Cela sans doute étonne, et la raison se rend mal compte du résultat merveilleux de l'union de deux mouvements simplement impulsifs produisant un mouvement nouveau subsistant; mais enfin cela est, et la raison est bien obligée de s'incliner devant ce qu'elle ne comprend pas. L'effort qu'elle a fait dans le système panthéiste d'Aristote, pour expliquer comment ces deux mouvements s'effacent pour céder la place à une puissance qui émergerait des entrailles profondes de la matière première, cet effort rationnel est plus incompréhensible encore que le fait qu'il veut expliquer, comme nous le montrerons plus loin. Nous nous en tenons au fait lui-même.

Saint Thomas admet que, pour l'homme, Dieu préside lui-même à cet acte inconcevable de la reproduction de l'être, et qu'Il donne lui-même à cet être nouveau, l'âme immortelle qui le doit animer, laquelle opère en raison des mouvements impulsifs qu'elle trouve chez les deux éléments conjoints qu'elle vient faire vivre d'une vie nouvelle. Rien n'est plus rationnel que cette interprétation du mystère dans les convenances raisonnables qu'exige la dignité humaine et l'éminence de son principe d'être; nous n'avons pas à nous y arrêter.

Mais, quelle que soit la manière dont se produit ou dont arrive le principe subsistant, Forme subssantielle du nouvel être ; que ce principe soit le produit du conflit entre deux mouvements impulsifs qui se combinent, ou qu'il vienne directement du Créateur comme sanction de l'union de deux de ses plus merveilleuses créatures ; dans tous les cas, il y a un point fort curieux de la question et nous pouvons nous y arrêter. Les deux petits corps qui vont s'unir sont tous deux échappés à l'être qui les a produits, ou si l'un d'eux est encore sur sa tige maternelle, l'autre a quitté la tige paternelle; et ils nous représentent ainsi deux vitalités qui vont s'unir et transmettre ou engendrer la vie, ne la possédant eux-mêmes qu'à l'état d'impulsion et à l'état latent. Dans les plantes, l'*ovule* ne paraît jamais être fécondé que dans l'ovaire maternel qui l'a produit; mais le *pollen* a quitté la vésicule paternelle, il l'a quittée depuis plus ou moins de temps comme chez les fleurs diclines, et ce temps est quelquefois long, comme lorsque le pollen d'un dattier mâle vient d'Afrique sur les vents féconder un dattier femelle du jardin des plantes de Paris: le fait est historique. Chez les animaux l'ovule peut être fécondé plus ou moins loin de l'ovaire qui l'a porté, au moment où il vient de quitter sa mère, comme chez certains batraciens, ou même plus ou moins longtemps après l'avoir quittée, comme chez certains poissons. Enfin dans l'espèce humaine elle-même, l'ovule, quoique porté encore par la mère, peut y être flottant, comme indépendant depuis plusieurs jours quand il est fécondé. Dans tous les cas, et sans insister sur toutes les variétés de détail, tantôt l'ovule, tantôt le pollen, très-souvent tous les deux ont quitté l'être vivant qui les produisait au moment où ils se conjoignent et ils ont par cela même échappé au principe d'être subsistant qui les a produits.

Ces deux petits corps qui vont produire la vie d'un nouvel être, où nous sommes obligés d'admettre un principe formel subsistant, sans lequel cette vie nouvelle qui va se développer serait inexplicable, ces deux petits corps n'ont point de principe propre subsistant. Encore une fois ils seraient vite décomposés et détruits s'ils ne se conjoignaient et si l'être nouveau n'apparaissait dans leur union. On ne peut donc expliquer leur subsistance pendant le temps plus ou moins long plus ou moins court qui sépare le moment où ils quittent la vie et le moment où ils en montrent une autre, que par un mouvement d'impulsion qu'ils ont reçu de la vie qu'ils ont quittée. Ils sont dans un état analogue à celui du cadavre que la vie vient de quitter, ils ne sont qu'une *materia impressa*.

Cependant, il est impossible de dire que ces petits corps n'ont pas d'être, et le mouvement d'impulsion qui les meut encore est bien porté par quelque chose. Cela est si clair qu'il semble que ce soit incontestable. Quelque chose n'est mu qu'à la condition de subsister, et ces corps qui n'ont plus le principe de vie pour expliquer qu'ils subsistent ne peuvent être qu'en raison de leur être, lequel ne nous laisse rien voir qu'un composé organique résultant de substances matérielles unies d'une certaine manière; de sorte que ce sont les Formes substantielles des substances matérielles dont le corps est formé qui sont momentanément dans leur union le principe subsistant de ce composé. Autrement, cette subsistance même momentanée, ne durât-elle qu'un instant le plus fugitif possible, serait inexplicable. Le mouvement d'impulsion n'explique que le mode sous lequel le corps se présente encore; il faut un principe d'être pour support à cette modalité d'être, et ce principe ne peut être autre que l'union des Formes substantielles élémentaires composantes. Si on admettait que ces Formes substantielles ont été supprimées dans la formation de ce corps, lequel est maintenant dépossédé de son principe de vie, il n'y aurait là plus rien pour expliquer l'être de ce corps supportant la modalité impulsive qu'il manifeste.

C'est là, si je ne m'abuse, une démonstration irréfutable et irréfragable de la subsistance des substances matérielles dans leur être et leur principe d'être sous la Forme substantielle qui les vitalise.

Mais il est intéressant d'aller plus loin dans cette analyse, et de se rendre compte du rôle aussi important qu'admirable que joue le principe d'être des substances matérielles chargé de transmettre la vie. Ces substances matérielles qui ont été réunies, puis plastiquées pour former l'*ovule* d'un côté, le *pollen* d'un autre, ont reçu de la vie une telle impression, sont une *materia impressa* si profondément marquée, qu'elles ne portent pas seulement une impulsion commune de vie, mais une impulsion déterminée dans son genre, dans son type et dans ses détails infinis de modalité que l'hérédité traduira d'une manière incontestable dans l'être nouveau. L'esprit se perd à concevoir comment l'impulsion reçue par un si petit corps peut embrasser tant de choses, tant de détails, et la règle si précise de leur évolution : les cellules, les trachées les bourgeonnements, les fibres, les nervures et la forme des feuilles, des fleurs et des fruits ; le sang, la lymphe, les vaisseaux, les organes si divers et si multiples dans leurs détails de la constitution animale ; les variations et modalités qui viendront du père et celles qui viendront de la mère ; la manière d'être pour telles et telles circonstances données, les habitudes, les dispositions les plus méticuleuses; et tout cela réglé, ordonné, précisé pour suite de mouvements qui se succèderont, et s'enchaîneront, ou même se contrarieront au besoin, et qui se produiront dans tel temps voulu, et ensuite après tel temps, de sorte que quelques-uns sont portés pour un avenir de quarante, de cinquante, de quatre-vingts ans et plus; et tout cela aura, non-seulement sa forme, son type, sa variété, sa manière particulière, mais encore son volume, son étendue, son intensité, sa durée, sa taille, sa manière de se reproduire à son tour, et jusqu'à sa manière de s'éteindre et de cesser d'être! En vérité, il faut encore le répéter, l'esprit, devant tant de prodiges, demeure confondu d'admiration pour la Puissance qui l'a créé et aussi pour la Puissance qui l'exécute. Car, il faut bien le voir, le principe de vie qui vient animer le nouvel être puise dans la matière qui lui est livrée, dans l'impulsion que cette matière a reçue de la vie d'où elle est sortie, tous les renseignements toutes les suscitations de l'hérédité! Il faut donc, il n'y a pas à en disconvenir, que les substances matérielles qui ont été touchées de la vie aient été singulièrement et profondément impressionnées; et on peut, jusqu'à un certain point, comprendre, comme je le remarquais au chapitre précédent, qu'après avoir été si puissamment cachetées, elles en gardent des traces ineffaçables même lorsque ces traces ne sont plus visibles à l'œil humain. Je salue au passage cette particule d'hydrogène qui s'échappe de la vie; il me semble qu'elle doit garder un quelque chose qui, pour un certain regard, se reconnaîtra toujours, quelles que doivent être ses destinées ultérieures.

Du reste, la vie nous offre d'autres phénomènes, particulièrement dans l'ordre morbide, tout à fait analogues aux précédents. N'est-ce pas un phénomène analogue et non moins étonnant de cette goutte de virus vaccinal ou variolique que je conserve entre deux verres, que j'envoie à l'extrémité du monde, et qui, là, inoculé chez un être de mon espèce, lui donnera une maladie semblable à celle qui a produit ce virus! Cependant, ce virus est détaché de la vie, il n'a point de principe de vie, ce n'est qu'un composé organique porteur d'une impulsion que lui a donné la vie, et qui n'a d'être subsistant que par les substances matérielles dont il est composé. Lui aussi nous montre un mouvement de vie impulsif dont l'existence est inexplicable sans l'être des substances matérielles qui le portent! Et il en est de même du venin échappé de la dent d'un crotale, et conservé dans la pointe d'une dent fixée dans une tige de botte: un premier malheureux en est mort lorsque le serpent l'a mordu; et, bien des années plus tard, un autre malheureux qui remet cette chaussure et qui s'égratigne à ce chicot qui y demeure va lui-même subir l'influence du venin; de sorte que c'est pendant des années et des années que le composé organique détaché de la vie conserve une impulsion de cette vie, tout en n'ayant pour principe d'être et de subsistance que les substances matérielles dont il est formé.

Revenons à l'être nouveau: Au moment où l'ovule,

materia impressa, est rencontré par le pollen, autre *materia impressa*, il y a conjonction, et de l'union résulte une *materia impregnata* qui recèle les deux corps matériels comme des générateurs, et tout ce que ces deux corps portaient d'impulsion héréditaire. Le principe ou Forme substantielle de l'être nouveau, produit de génération pour les plantes et les animaux, venu de concession divine pour l'homme, rencontre donc un composé de substances matérielles, lequel est pourvu d'impulsions vitales héréditaires, et la vie nouvelle qu'il va donner à ce petit corps, l'organisation qu'il va lui faire subir, les adjonctions matérielles qu'il lui procurera, la modalité d'activité où il l'entraînera, auront toujours pour base les substances matérielles du composé et les tendances qui résument l'imprégnation dont il résulte. Il vient donner une forme vivante, donner l'être sous une certaine modalité à des substances qui ont leur être propre soumis préalablement à une modalité de vitalisation; de sorte que cette forme vivante qui fait un nouvel être, le fait en continuant un mouvement vital, en le continuant dans une composition matérielle et selon des conditions vitales qui lui sont comme imposées par cet ovule fécondé dont elle prend possession. Il est incontestable que cet être nouveau aura sa vie propre, trop de manifestations le diront suffisamment pour qu'on en puisse douter; et, dès lors, il devient assuré que le principe de cet être lui appartient bien en propre, lui est personnel. Mais, quoique vraiment personnel et très-distinct de ses générateurs, cet être nouveau, tout en se montrant indépendant, est cependant contenu dans des conditions héréditaires qu'il ne saurait franchir, et on retrouvera toujours en lui, au-dessous ou à côté de sa vie propre, des manifestations héréditaires qui témoigneront irréfutablement la vitalité de ses père et mère. Or, il est bien clair que s'il y a quelque chose de propre et de personnel en lui c'est bien le principe substantiel qui le fait être; par ce principe qu'il est lui, distinct et différent c'est de ses générateurs, et, dès lors; c'est par les substances matérielles chargées des impulsions héréditaires qu'il tient de ses parents, qu'il a reçu les conditions de sa vitalité dans son genre, dans son type, dans son mode, dans ses habitudes; et, comme pendant toute sa vie ces influences seront incessamment présentes et actives, c'est par le rôle des substances matérielles dont l'être vit en lui que ces influences se perpétuent. Le principe substantiel de l'être vivant ne fait donc que donner la vitalité sous une certaine forme aux êtres matériels qui forment le corps; il ne détruit pas l'être de ces éléments, il s'en sert et l'élève en dignité en lui donnant la vie, c'est-à-dire il leur donne une sorte d'être nouveau en leur donnant une nouvelle manière d'être.

Tout ce que nous venons de voir est l'examen même des choses, nous n'avons fait que regarder et comprendre autant que possible; c'est l'interprétation naturelle d'accord avec tout ce que la science a pu reconnaître. Voyons maintenant si nous pourrons comprendre mieux ces deux choses avec l'interprétation péripatéticienne.

CHAPITRE XIV

De l'interprétation péripatéticienne et de l'interprétation naturelle.

Maintenant que nous avons vu les faits scientifiques de la question, reprenons, pour les comparer, les deux interprétations en discussion : celle du péripatétisme, contraire à la nature des choses, et celle que nous suivons d'après la nature. Aristote, dans sa conception panthéiste, voyait la matière comme le resceptacle commun de toutes les formes, et celles-ci n'étaient pour ainsi dire que des modalités d'un même principe universel. Pour lui, selon ce système, dans les corps vivants comme dans les corps bruts, la matière passe d'un corps dans un autre en changeant de forme et conservant ses propriétés premières; et, pour les deux cas, il expliquait que la matière des composants garde quelque chose de ce qu'elle était sous une forme antérieure, que ce quelque chose est un *symbolum* ou *signatura*. La matière dans le composé nouveau n'est donc pas une *materia pura*, mais une *materia signata*. Nous reviendrons tout à l'heure sur cette expression.

Aristote ne pouvait guère concevoir autrement la théorie des composés, ne connaissant point l'analyse des corps comme nous la connaissons, n'ayant aucune idée des substances élémentaires, des composés binaires, ternaires ou quaternaires définis, n'ayant aucune idée de la loi des équivalences, données scientifiques multiples de la chimie organique qui précisent le rôle des composants dans le composé. Il adaptait aux corps vivants sa conception sur les corps matériels : les deux choses se suivent. D'ailleurs, sa théorie des Formes substantielles avait été conçue devant la théorie de son maître Platon qui n'avait donné au principe d'être qu'un rôle moteur, avec une très-grande vérité. Aristote avait démontré que ce rôle fait la substance de l'être matériel, et qu'ainsi le principe d'être n'est point seulement une forme figurative motrice, comme est la forme d'une statue, mais que ce principe est substantiel en changeant la nature même de la matière informée.

Saint Thomas, en s'emparant de l'idée fort juste de la Forme substantielle, n'avait point d'autre science naturelle que le Maître, et devait inévitablement user de ce qu'il avait sous la main, c'est-à-dire de la physique péripatéticienne. Toutefois, il se sentait mu par deux sortes de préoccupations que n'avait point Aristote. D'une part, il voyait la nécessité d'accentuer le principe de l'être plus vivement que ne l'avait fait le philosophe grec; il ne pouvait accepter le sens aristotélique qui faisait de toutes les Formes substantielles comme des modalités d'un même principe, et, pour lui, ces formes étaient très-distinctes et indépendantes dans la matière où il les voyait immergées; d'une autre part, il se trouvait devant la théorie manichéenne qu'il avait à cœur de ruiner complétement, et il en concevait l'horreur d'admettre que la matière passant sous un principe de vie put garder un principe d'être qui lui fût propre; cela eut été une concession malheureuse à ce manichéisme dangereux auquel il ne fallait laisser aucune prise. Il se croyait être obligé d'accepter, selon l'idée d'Aristote, que la matière, en changeant de forme, doit changer vraiment de principe d'être. Mais ce qui, pour Aristote, n'était pour ainsi dire qu'un changement modal de puissance d'un même principe devenait, pour lui, une véritable substitution de principe formel; car, pour Aristote, toutes les formes contenues dans la matière sont comme des modalités ou des puissances de l'*alma mater;* tandis que, pour saint Thomas, chacun de ces principes d'être a son entité propre. La théorie changeait donc complétement ses conditions en passant par saint Thomas: la doctrine de l'être remplaçait la doctrine panthéiste.

Mais, en changeant de condition, la formule péripatéticienne devenait bien autrement grave; et cependant saint Thomas crut devoir en conserver les termes : *Secundum Philosophum, 2. de Part. anim., à princ. quod formæ elementarum manent in mixto non in actu, sed in virtute; manet enim qualitates propriæ elementorum, licet remissæ, in quibus est virtus formarum elementorum (9, 76, art. 4, ad finem)*. Ces termes qui convenaient à la doctrine panthéiste n'étaient plus d'accord avec la doctrine de l'être.

Là est le point de départ de tout le débat dans lequel les thomistes se sont séparés des sciences modernes et leur ont fait échec, au lieu d'achever le mouvement de conversion du Maître.

Les thomistes auraient pu voir que saint Thomas avait déjà altéré le péripatétisme; il en avait saisi le sens panthéiste et avait tenté de s'en séparer en accentuant le rôle spécifique et indépendant des Formes substantielles. Cependant il y restait malgré lui encore engagé, car c'était inférioriser les principes d'être que de les mettre en puissance dans le vaste tout d'une matière première commune.

Mais il était manifestement retenu dans la sorte de contradiction où il se trouvait par la science du temps, encore toute péripatéticienne, qui lui montrait que le composé constituait un être tout différent des composants, que, par exemple, de la terre unie à du feu faisait du soufre. Il est sans conteste qu'à première vue, le composé nouveau est tout différent des composants; il fallait une chimie plus avancée pour montrer, par exemple, que tant d'oxygène et tant d'hydrogène font un même poids d'eau; et ainsi de tous les corps, et que tout composé est le résultat de ses composants subsistant en lui, comme le montre la chimie moderne. Nous avons suffisamment éclairé ce point. Saint Thomas était donc trompé par la science de son temps; et, devant cette science qui lui affirmait que le composé est un être nouveau tout différent des composants qui disparaissent et ne laissent que leurs qualités de matière, il croyait avec Aristote que les qualités purement matérielles subsistent seules; de sorte que, tout en accordant aux corps un principe d'être spécifique tout différent des formes modales qu'Aristote avait posées, il tombait dans cette contradiction d'amoindrir l'autonomie de ces principes spécifiques en ne reconnaissant pas leur permanence. Les thomistes, ses disciples, auraient pu s'apercevoir de la difficulté dès les premiers pas de la chimie moderne, et, s'ils avaient accepté ces données nouvelles de la science, ils eussent fait l'accord de leur philosophie avec la science naturelle, accord qui reste à faire et que nous voudrions voir accompli. Au contraire, en se remparant dans leur péripatétisme, en méconnaissant l'*impedimentum* dont saint Thomas se fut débarrassé si la science naturelle de son temps le lui eut permis, ils compromettaient la doctrine du Maître, ils reculaient l'accord scientifique à poursuivre, ils créaient une scission fâcheuse, source de tant de luttes, et ils se tenaient dans une obscurité et une confusion dont ils ne pourraient se tirer.

Il est absolument nécessaire de bien saisir tous les détours de cet imbroglio dont les thomistes n'ont jamais pu sortir.

L'union de l'âme et du corps, objectif logique de toute la discussion, était acceptée en principe comme une conjonction de deux choses distinctes qui font un dans l'unité; et, de là, cet axiome que les actions sont du composé : *actiones sunt compositi*. Il faut donc que le composé représente les composants dans l'unité; et, par cela même, il faut que la matière soit pour quelque chose dans le composé. Mais en étant quelque chose par elle-même dans le composé on craint qu'il y ait dualité dans l'être, parce qu'on y admet ainsi le principe formel de l'être et le principe d'être de la matière. On imagine donc de concevoir que la matière perd son principe d'être qui rentre dans la matière à l'état de simple puissance, et que le principe formel de l'être devient le principe d'être de la matière elle-même. On obtient ainsi l'unité de l'être par l'unité de son principe d'être, la matière n'ayant point d'être propre et n'ayant plus d'être que par l'être qui s'est emparé d'elle.

Ce premier point étant obtenu, on s'aperçoit alors que cependant la matière a un rôle dans le composé par ses qualités; le corps est pesant, et avec un grand nombre de qualités matérielles. Il faut donc trouver un moyen d'expliquer comment la matière n'a pas d'être dans le composé, et comment cependant elle y est présente par ses qualités; et alors on conçoit que ces qualités y ont pour support le principe formel qui leur donne accidentellement l'être. On reste péripatéticien.

Mais les objections se dressent nombreuses et insolubles devant une conception qui n'est qu'un subterfuge logique et qui, au fond, répugne autant aux faits qu'à la raison.

En effet, si les qualités matérielles du composé ont pour support le principe formel de l'être, elles ne sont donc point de la matière; parce qu'enfin ces qualités sont bien les qualités de quelqu'un ou de quelque chose, on ne peut pas être la qualité de rien; et, si c'est le principe formel qui est leur être, elles sont qualités de la forme, non point qualités de la matière. Il faudrait donc admettre que la matière n'existe plus, que le corps de l'être est une apparence matérielle, mais sans matière; que ce que nous sentons et percevons comme matière n'est qu'une apparence matérielle sans réalité effective; de sorte que le principe de l'être vivant s'unirait à la matière pour lui prendre ses qualités, sa phénoménalité, ses apparences, en s'appropriant son être; nous aurions une apparence de corps, nous n'aurions pas de corps vrai. Que l'on qualifie comme on voudra une semblable théorie non moins opposée aux faits qu'à la raison et à la vraie doctrine catholique, qui ne dit pas que l'âme est unie à une apparence de corps, mais unie à un corps véritable.

Pour se tirer de ce mauvais pas, on peut dire, il est vrai, et on n'y manque pas, que l'âme, devenant le principe d'être du corps, est elle-même la génératrice des qualités que présente la matière de ce corps. Mais ce nouveau subterfuge ne mène pas bien loin; car, ou la matière existe vraiment dans le corps, et alors elle y a bien son être, ou il n'y a que ses qualités, et alors ce sont des qualités sans être ou des qualités qui dépendent exclusivement du principe qui informe la matière. Dans le premier cas, il faut se rendre et, en acceptant l'existence vraie et réelle de la matière, accepter son principe d'être subsistant sous le principe formel qui transforme tout à la fois l'être et les qualités de la matière; ou bien il faut tomber dans la négation positive de l'existence matérielle.

C'est bien là qu'a porté le débat, et il n'y a qu'à lire les luttes entre le thomisme et les sciences expérimentales pour reconnaître que, pendant que les uns niaient le rôle de la matière et faisaient tout dépendre dans la vie des facultés de l'âme, les autres soutenaient le rôle de la matière jusqu'à nier l'influence de l'âme. Si le débat a été si vif, si les sciences naturelles se sont séparées si violemment de l'ancienne philosophie, il faut bien voir que cette philosophie, en niant le rôle de la matière, était elle-même la cause de cette séparation.

Remarquons bien d'ailleurs que la question n'exige pas seulement le rôle de la matière non spécifiée, d'une matière quelconque : les sciences naturelles démontraient que les substances matérielles, l'oxygène, l'hydrogène, le fer, la chaux, etc., entrent dans la composition du corps avec leurs qualités propres; de sorte que cette matière qui fait la composition du corps est déjà une matière informée, et qui n'a telles ou telles qualités qu'en raison de cet état d'information où elle est. Si vous supposez qu'en entrant dans le corps vivant elle perd tout principe d'être, elle perd donc non-seulement son être purement matériel, elle perd à plus forte raison son principe informateur spécifique qui la faisait être hydrogène, oxygène, charbon, etc.; de sorte qu'en admettant que les qualités seules subsistent, vous êtes contraints d'admettre qu'il n'y a plus l'être des choses qui se présentent, qu'il n'y a plus là que les apparences de l'oxygène, de l'hydrogène, du charbon, et des autres, sans qu'aucun de ces corps y existe réellement et effectivement. Non-seulement cela devient une monstruosité, mais il n'est plus possible d'expliquer que les actions du composé soient d'un vrai composé, car il n'y a plus que les qualités d'un des composants, l'autre composant n'y est pas.

Outre que cette solution répugne autant à la doctrine qu'aux faits et à la conscience, il devenait vraiment impossible d'expliquer le rôle des composants dans le composé. Ceci mérite une nouvelle attention. Pour se tirer d'affaires dans un si grand embarras, Aristote avait inventé la *materia signata,* laquelle serait la matière des composants ; la matière entrerait dans le composé sans principe d'être, mais portant une *impulsion* une *signature* du principe qui l'informait antérieurement, et c'est en raison de cela qu'elle serait plus apte que tout autre à former la matière du composé.

C'est là incontestablement un nouveau subterfuge, mais qui ne mène pas encore bien loin. Qu'est-ce, en effet, que cette *signature* qu'on invoque ? Ou c'est un trait passif, ou c'est un mouvement, une sorte d'impulsion plus ou moins durable, ou c'est un principe subsistant. Si l'empreinte reçue par la matière de sa Forme substantielle précédente est une simple impression, c'est un trait passif, un mouvement communiqué et épuisable; cela ne peut nullement expliquer un rôle constant que cette matière jouerait dans le composé. Il en est de même encore quand on accepterait que cette empreinte est une sorte d'impulsion, un mouvement reçu ; ce mouvement ne peut avoir qu'une durée relativement courte, et s'efface pour faire place au mouvement subsistant qui dépend de la forme nouvelle; il n'a et ne peut avoir qu'un rôle d'insinuation dans le composé. Ou bien on accepte que, comme dans la génération, c'est un mouvement germinateur qui se transmet d'une forme à une autre ; mais alors il faut que l'élément ait une existence propre pour porter ce mouvement; car, là où se trouve le mouvement, il y a quelque chose qui est mu; on ne saurait dire que la matière n'a pas d'être et que, cependant, elle est en mouvement.

On se trouve donc conduit forcément à admettre que cette signature de la matière des composants subsiste dans le composé en raison d'un quelque chose de subsistant qui est le principe même de la matière; car le principe qui l'a signée n'existe plus en faisant place à un autre, et, ne subsistant plus, ce n'est pas lui qui porte la signature.

Et, dans tous les cas, pour que la matière reçoive et garde cette *signature* qui lui est laissée par la forme qui l'informait, il faut qu'elle soit quelque chose par elle-même, et, par conséquent, qu'elle ait un principe d'être; de sorte que cette signature qu'elle apporte dans le composé ne peut y exister et n'y peut être influent que par ce principe d'être subsistant dans le composé. A tous les points de vue, le composant ne peut être dans le composé et y jouer un rôle, y apporter et y faire figurer un mouvement sans avoir son être propre; et alors il faut bien admettre l'être de la matière dans le composé, l'être des substances matérielles dans le corps.

Ce n'était point la peine de reculer la solution, de la traîner dans les subtilités, pour être obligé à reconnaître ce qu'on masquait sous un subterfuge.

Comme nous l'avons vu plus haut, l'union naturelle des corps nous montre l'unité du composé résultant parfaitement de l'union des composants leurs êtres; et, par cela même, leurs formes substantielles s'unissent pour donner un être nouveau qui, loin d'accuser la mort des conjoints, atteste leur présence dans l'unité. Il en est de même tout naturellement pour les composés organiques comme nous l'avons vu dans le chapitre précédent. Pourquoi récuser ce que la nature nous présente d'une manière si manifeste ?

Si les substances matérielles n'entrent pas réellement dans la composition du corps vivant, comment accorder cela avec le rôle qu'elles y jouent si manifestement comme nous l'avons vu ; et, si ce rôle qu'elles jouent est manifeste et indiscutable, comment l'expliquer sans le principe d'être qui seul peut l'autoriser. Encore une fois, ce n'est point à de la matière première que l'âme est unie, mais à une matière informée, à l'oxygène, l'hydrogène, le carbone, et les autres; et ce n'est pas comme matière indéfinie qu'est formé le corps, c'est comme matière déterminée. Dieu n'a point pris de la matière première pour faire ce corps : la sainte Ecriture dit nettement que Dieu prit de la terre, c'est-à-dire une matière ayant sa forme; et l'insufflation donna à cette matière une manière d'être nouvelle, elle ne lui donna pas l'être qu'elle possédait déjà. Dieu aurait tout aussi bien pu faire ce corps avec de l'air ou de l'eau, ou un gaz quelconque : en prenant de la terre, c'est de la terre qu'il voulait qu'il fut formé; c'est de la terre particulière, même une certaine terre, non une autre, qu'il élevait à cette dignité de corps vivant de l'homme.

Qui dit un être, dit inévitablement un principe d'être; et puisqu'il est constant que deux ou plusieurs êtres peuvent s'unir pour constituer un être nouveau qui a bien son unité d'être, c'est un fait. C'est également un fait que l'âme humaine s'unit à de la matière qui lui sert de corps et avec lequel elle fait un être *un* : pourquoi vouloir ensuite expliquer ce fait en disant que, dans cette union, l'âme est tout l'être et que la matière n'a pas d'être? c'est en vérité aller contre le principe même qu'on veut établir. Le corps n'est pas par lui-même un être : c'est une réunion de parties différentes différemment composées d'éléments matériels; et dans ces composés les éléments composants ont leur rôle en raison de la substance matérielle qu'ils y apportent; mais toutes ces parties, toutes ces combinaisons, qui ne seraient rien sans les êtres matériels qui y entrent, ne peuvent point être ce qu'elles sont par l'être seul des substances qui les forment : ces substances n'ont que l'aptitude à cette formation et au rôle où on peut les appeler; il faut le principe qui met en jeu cette aptitude de leur être, qui fait jouer leur être en lui donnant une modalité d'être nouvelle. Tout cela nous est démontré, et dans cette démonstration c'est bien l'âme qui est le principe de l'être nouveau; c'est bien elle qui s'unit à ces substances matérielles, non en les détruisant dans leur principe, mais au contraire en élevant leur être à une modalité nouvelle, de telle sorte qu'elles deviennent chair de l'être nouveau sans perdre leur être.

C'est là incontestablement un fait dont l'intimité est toute mystérieuse, et dont nous ne saisissons que les dehors et les convenances. Mais il en est ainsi en toutes choses : l'essence et l'intimité nous échappe partout. Nous ne connaissons pas plus l'essence de la matière que celle de l'esprit : nous distinguons, nous voyons par le dehors ; le fond nous échappe. De même nous distinguons un gaz d'un liquide et d'un solide, nous distinguons le fer du cuivre et de l'or ou de l'argent ; mais nul n'a la prétention de pénétrer l'essence du gaz ou du liquide, ou du solide, du fer ou du cuivre, de l'or ou de l'argent. Partout il en est ainsi. Nous distinguons l'âme et le corps, nous voyons leur union et ses convenances, nous constatons l'unité de l'être résultant d'une conjonction d'êtres différents, nous saisissons par le dehors les convenances de cette union et de ses conditions ; mais son intimité, son essence nous échappent comme toutes les autres !

Du reste, l'union substantielle n'est qu'un des modes d'union que les êtres peuvent contracter. Tous les êtres sont faits pour se joindre, se toucher, s'unir, degré à degré dans la hiérarchie où ils sont placés, et s'unir de manières différentes. L'union est plus ou moins intime, et la conjonction substantielle paraît la plus intime de toutes ; mais il semble bien qu'une même loi doit les régler toutes avec des variations selon leur mode et leur intimité, et cette loi doit poser la conjonction des êtres sans leur anéantissement, sans quoi ce ne serait plus une union. Il peut, il doit y avoir partout, une subordination plus ou moins intime, plus ou moins profonde, de l'inférieur au supérieur; une action d'information plus ou moins intime également et plus ou moins profonde du supérieur à l'inférieur; mais, ni la subordination, ni l'information ne doivent aboutir à la destruction de l'être.

Voyons la nature du haut en bas de l'échelle de la création : partout se montrent à nous des êtres qui se touchent et se conjoignent pour se communiquer leur activité, se transformer les uns par les autres, de degré à degré; de telle sorte que, du haut en bas de l'échelle, la vie du plus supérieur ralentit de gradins en gradins jusqu'à la vie la plus inférieure. Par là s'explique comment la vie du plus supérieur peut tout modifier en bien ou en mal par une transmission de degré à degré des ébranlements qu'elle communique à tout ce qui est au-dessous d'elle. La nature n'est point une grande émanation de puissance sous des modalités multiples, s'abattant sur une matière première à laquelle elle communique le mouvement et des formes comme le concevait Aristote : c'est une véritable hiérarchie d'êtres avec des degrés bien distincts, de natures spécifiées, lesquels se touchent, s'influencent, se pénètrent, se vivifient et se transforment dans les communications de leur être; et l'être ne se détruit pas en se donnant un supérieur, de même que le supérieur ne détruit pas l'inférieur qu'il embrasse. Ils s'élèvent réciproquement par un mouvement de transfiguration qui se communique du haut en bas ; mais si toute la hiérarchie s'élève par un mouvement d'aspiration des supérieurs, les degrés peuvent se conjoindre, se rapprocher, s'unifier sans jamais cesser d'être le degré qu'ils sont.

Considérons encore la vie humaine attirée par Dieu pour s'unir à lui ; union toujours imparfaite sur la terre, et qui sera consommée dans un monde meilleur : cette union à laquelle nous aspirons, et pour laquelle Dieu nous attire, nous soulève, nous emporte, détruira-t-elle notre être en l'unissant à son Créateur ? ce serait un blasphème et une impiété de le soutenir ! Notre être transfiguré dans cette union demeurera tout entier distinct et le demeurera éternellement ! Et cette matière de notre corps, ressuscitée pour être transfigurée avec notre âme, demeurera elle-même dans son entité sous cette transfiguration sublime comme elle demeure sous notre âme dans la transfiguration charnelle dont elle jouit pendant notre vie. Est-ce l'âme du Christ seule qui a pris son vol vers les cieux le jour de l'Ascension ? et n'a-t-elle donc pas entraîné avec elle le corps du divin Crucifié dont la transfiguration nous est un gage de celle de notre propre corps ? ou bien, ce corps transfiguré n'était-il qu'une apparence de corps, en ayant les qualités sans en avoir la réalité, comme on peut l'inférer de la théorie thomiste ? Il y a là des considérations, je devrais dire des raisons d'une puissance irréfragable qu'un chrétien ne saurait récuser; et si Dieu n'a point fait fi de la matière de notre corps, est-ce bien à nous d'avoir le courage de la mépriser? N'avons-nous pas là, au contraire, une attestation irrécusable du soin précieux avec lequel nous devons considérer la charge qui nous incombe, de l'attention bienveillante et incessamment relevante que nous devons avoir pour cette matière qui nous a été donnée comme compagne, dont il nous importe, dès ce bas monde, de respecter l'être en le transfigurant dans notre chair, pour l'emporter avec nous dans une seconde transfiguration plus merveilleuse et plus sublime?

Nous voilà loin des conceptions, des péripatéticiens et des thomistes, mais nous demeurons dans la doctrine de saint Thomas en lui ralliant toutes les sciences modernes qui lui deviennent un riche et naturel apanage.

Remarquons aussi que le péripatétisme, qui ne peut expliquer comment les substances matérielles du corps ont leur rôle dans la formation de ce corps, ne peut aucunement expliquer aussi ce qu'est la matière du corps lorsque le principe de vie l'a quittée. Et, en effet, le principe de vie ayant laissé la matière, comment le corps garde-t-il encore quelque chose de la modalité vitale? là où le principe de subsistance n'est plus, qu'est-ce qui maintient la substance? Le péripatétisme se tire de la difficulté en déclarant que du fond de la matière première surgit un principe formel qui vient remplacer celui qui s'en est allé. Cela est incroyable! Nous voilà donc obligés d'admettre que ce cadavre, qui ressemble tant à un corps vivant, ne subsiste à cet état de cadavre, que par un principe formel adventif qui lui maintient quelque temps cette forme quand l'âme n'y est plus; de sorte que la matière première contiendrait des puissances capables de soutenir une apparence d'organisation semblable à celle que l'âme peut faire vivre? Un peu plus, et ce principe détenu dans la matière première serait un principe de vie; on lui fait remplir ce rôle déjà pendant quelque temps! Mais, ce principe, qu'est-il lui-même, d'après la donnée qu'on nous soumet, si ce n'est une puissance de la matière première; car, avant d'émerger il était détenu en qualité de puissance; et c'est en réalité la matière qui serait l'*alma mater* de toutes choses!

Dans le système d'Aristote cela se comprend, c'est du panthéisme au premier chef. Aristote qui a toujours cherché l'être n'est jamais arrivé à l'étreindre, et il n'a pu après tous ses efforts qu'arriver à comprendre les êtres comme des émanations modales d'un être premier. Mais, pour des chrétiens, cela est inacceptable. Dans cette doctrine c'est la matière seule qui a l'être, les substances matérielles n'ont pas d'être propre, il n'y a qu'une matière première susceptible de toutes formes, pouvant être impressionnée de toutes matières. Chaque être n'a pas sa matière, et quand la matière perd l'être, elle ne peut garder une impression durable de cet être qui l'avait vivifiée. La matière qui a vécu et celle qui n'a pas encore reçu la vie sont au même degré que la matière première, en puissance de toutes les impressions qu'elle peut recevoir. Une imprégnation de plus ou de moins n'y fait rien ; avant d'être fécondée elle portait déjà l'être nouveau et bien d'autres dans ses flancs; après avoir reçu le contact d'une vie elle redeviendra, étant veuve, aussi vierge qu'elle l'était avant. La vie n'a plus d'époux, il n'y a là qu'une femme commune pour tous les principes d'existence; et, si après une séparation les conjoints venaient à se retrouver, on ne voit plus où serait pour chaque époux l'épouse qu'il a vivifiée. Le chrétien pourrait-il accepter une semblable théorie devant la question de la résurrection des corps? Nous sommes bien loin de cette interprétation si claire et si naturelle qui se présentait à nous au chapitre précédent.

Je ne veux point insister plus longuement sur les divagations du péripatétisme qui a pris le nom de thomisme; il suffit, je crois, de l'avoir montré incapable, dans ses subtilités vaines, d'expliquer le rôle des éléments qui composent le corps aussi bien pendant la vie qu'après la mort. Il faut aller plus loin, et montrer comment il a fait un épouvantail de l'idée du corps pris comme instrument propre de l'être, et comment, par cela même, il a manqué une des plus belles perspectives de la doctrine des Formes substantielles.

CHAPITRE XV

L'être et l'instrument; l'acte et l'action.

L'interprétation que nous acceptons prête le flanc à deux objections que nous n'avons nullement l'intention de dissimuler et que nous prétendons réduire à néant parce qu'elles ne sont qu'un épouvantail. On ne gagne rien à se dissimuler les difficultés; il faut y revenir tôt ou tard; et il y a toujours avantage à les regarder en face pour ne point laisser grandir le fantôme.

Nous écoutons les thomistes, nos seuls adversaires, et nous les entendons nous dire : prenez-garde ! vous faites du corps un instrument en lui donnant un être propre, et par là vous altérez l'unité de l'être, vous prêtez le flanc au manichéisme. Ce sont bien là deux objections en une à résoudre tour à tour, et nous commençons par la première.

Aristote avait comme fantôme la crainte de faire du corps un instrument; il croyait que cela faisait inévitablement rentrer la doctrine de l'âme dans la théorie platonique où l'âme était prise comme un moteur. Cet épouvantail est demeuré chez les thomistes qui semblent avoir découvert un abîme quand ils vous ont dit : prenez garde ! vous faites du corps un instrument !

Il y a là, ce me semble, une grosse erreur qui vient de ce que les péripatéticiens anciens et nouveaux n'ont pas suffisamment approfondi le rôle de l'instrument, et quelle sorte d'instrument est le corps. C'est pour cela même qu'ils ont si étrangement et si malheureusement répugné aux sciences modernes.

Nous trouvons dans la nature deux sortes d'instruments différents dans leur être et leur constitution, et, par cela même, différents dans la manière de remplir un rôle commun. D'une part, il y a l'instrument étranger à l'être, comme le levier, l'outil, la mécanique, la plume, le canif, le burin, le ciseau, le marteau et, en un mot, tous les outils ; ou encore la pierre, le marbre, le bois, même un être, un arbre, un animal, un personnage, toutes choses qui portent l'action d'un être étranger pour le communiquer à d'autres êtres. D'une autre part, nous trouvons l'instrument qui fait partie de l'être : les fleurs, le pollen, le stygmate, l'ovule, les feuilles, les trachées, les cellules, l'écorce, le tronc, les branches, les racines dans la plante ; et, chez l'animal, toutes les parties du corps : les membres, les organes des sens, les nerfs, les muscles, les vaisseaux, les glandes et les autres analogues ; tous organes ou instruments qui traduisent l'action de l'être et le communiquent aux substances qui ne font point partie de l'être. Dans le premier cas, ce sont des intruments *extrinsèques* ; dans le second cas, ils sont *intrinsèques*.

Examinons d'abord le rôle de l'instrument *extrinsèque* ou étranger à l'être qui s'en sert; nous comprendrons mieux ensuite le rôle de l'*intrinsèque*.

L'instrument extérieur dont l'être se sert présente ces deux caractères, de porter un mouvement qui accomplit une action, en gardant son être non modifié dans son entité et dont les qualités naturelles servent au mouvement qu'il accomplit. Ainsi, la plume avec laquelle j'écris porte un mouvement qui trace une écriture avec l'encre qu'elle dépose sur le papier; le burin trace sur la feuille de cuivre ou d'acier doux le trait de gravure; le levier porte le mouvement qui soulève, et la machine porte le mouvement qu'on lui fait accomplir. Mais ces instruments restent ce qu'ils sont naturellement dans leur être et leurs qualités : j'adapte leur être et ses qualités, je ne les modifie pas dans leur nature. Ces mouvements sont des actions, ce ne sont point des actes; c'est l'être qui fait l'acte, et l'instrument accomplit les mouvements qui réalisent cet acte. Ce n'est point ma plume qui écrit c'est moi qui écrit par l'action de ma plume et de l'encre et du papier. Ce n'est point le burin qui grave, il ne fait que tracer; celui qui grave est le graveur. Mon canif coupe ma plume, mais c'est moi qui la taille par son intermédiaire. L'acte est ce qui engendre le mouvement et l'ordonne en vue d'un but déterminé; l'action est le mouvement accompli en raison de la nature de l'instrument. Le poison détermine une action empoisonnante; mais ce poison n'aurait pas d'action s'il n'était pris, et l'acte qui le transmet à l'organisme est le véritable acte d'enpoisonnement; l'action n'est que le mouvement du poison.

Il faut donc distinguer très-nettement l'être qui fait l'acte, et l'instrument qui fait l'action en réalisant cet acte.

Mais l'acte n'est possible qu'autant que l'être a un instrument pour le réaliser dans une action déterminée; et ainsi l'instrument est le moyen qui fait l'acte de l'être possible. Sans l'instrument coupant je ne saurais tailler la plume; sans un outil qui est capable de déposer une trace sur le papier, je ne saurais écrire; sans l'outil qui raye le cuivre et l'acier doux, on ne saurait graver. Il en est de même de tous les instruments : l'acte qu'ils servent à accomplir n'est possible qu'en raison de leurs qualités naturelles, lesquelles ne sont explicables que par leur être. On peut modifier ces qualités en les adaptant, mais on ne fait que les utiliser dans les voies diverses; et ainsi la dureté de l'acier peut être augmentée ou diminuée selon la trempe; et aussi on peut se servir de cet acier en pointe dure, ou en ciseau coupant, ou en scie, ou en marteau, ou en lame élastique. Dans tous ces cas, c'est la qualité de l'être qui fait une action. Et il en est de même quand on utilise un homme comme coureur, porteur, rameur, écrivain, rangeur, ordonnateur, ou tout autre : il accomplit une action en raison des qualités dont il est naturellement doué. Sans ces qualités de l'instrument, l'action ne serait pas possible, l'être n'aurait point la possibilité de réaliser ses actes. Il est ainsi visible que l'être n'a d'actes possibles qu'en raison des actions instrumentales qui sont à sa disposition ; il ne peut agir que par l'instrument et qu'autant que l'instrument le permet, selon ses qualités propres plus ou moins bien adaptées.

En suivant cette pensée, comme il importe de la suivre, on s'aperçoit que non-seulement l'acte n'est possible qu'en raison de l'instrument qui le peut exécuter, mais que même cet acte ne peut être conçu qu'en raison de sa réalisation possible ; de sorte que l'instrument d'action qui est le réalisateur de l'acte en est aussi un des suscitateurs, de ses générateurs. Ce n'est que parce qu'il rend ces actions possibles que l'acte qui les ordonne peut être conçu, et cet acte ne peut être conçu qu'en raison des actions qui le peuvent réaliser. On peut, il est vrai, se faire des illusions sur le rôle de l'instrument, lui attribuer la possibilité d'actions qu'il ne peut vraiment réaliser ; et, en raison de ces actions illusoires, concevoir des actes qui n'aboutiront jamais. Mais cela même encore montre quel rôle considérable joue cet instrument, et comment il n'est pas seulement l'exécuteur de l'acte par ses actions, comment il en est encore suscitateur ; de sorte qu'il participe à l'acte en le rendant possible, en l'exécutant, et en le faisant naître.

Cependant cet instrument, nous parlons toujours de l'extrinsèque, ne perd pas son être dans ce rôle ; au contraire son être accentue sa présence comme l'auteur des propriétés qui font le mouvement, auteur des aptitudes selon lesquelles les propriétés peuvent être modifiées, auteur de l'intention d'acte qu'il suscite. Dans ce rôle cet être n'est point l'acte lui-même, mais l'action de l'acte, et il passe comme à l'état de puissance de l'être qui le subordonne sans cependant perdre son être.

Si maintenant nous voulons nous rendre compte du rôle qu'il joue dans la réalisation de l'acte par les mouvements qui dépendent de lui, nous n'avons qu'à considérer quelle est son influence dans les actions qu'il accomplit

Tout mouvement trouve sa raison d'être dans l'acte qui l'ordonne; mais sa nature modale, sa direction, son étendue, son énergie, sa durée, sa vitesse sont influencées par la nature et la modalité de l'instrument. Ce mouvement sera physique ou chimique, lumineux ou calorique, électrique ou vibratoire, et de même vital, vasculaire, sensible, contractile, nerveux, sécrétoire, selon l'organe qui l'accomplit; et si ce mouvement passe d'un instrument à un autre, il changera de nature modale selon l'instrument qui le reçoit, pouvant se convertir de calorique en lumineux, ou en électrique, de physique en chimique et *vice versa*, ou d'inorganique en organique et réciproquement. De même aussi la direction du mouvement dépendra de la disposition instrumentale; toute la mécanique le démontre. L'étendue et l'énergie, qui ne sont que la quantité du mouvement dispersé ou concentré, dépend également de la disposition de l'instrument; de telle sorte que la quantité ne dépend point absolument de l'impulsion donnée, mais de la mobilité instrumentale. Enfin, la vitesse elle-même dépend de cette même mobilité devant les résistances qu'elle peut rencontrer. Tel corps donne plus et plus facilement de la lumière, tel autre sera plus apte à l'électricité, tel autre à la mobilité physique, tel autre aux réactions chimiques, et ainsi de suite.

Ainsi, lorsqu'il s'agit d'un instrument étranger à l'être, cet instrument prend une véritable part à l'acte en le suscitant parce qu'il le rend possible et en l'accomplissant; et son être demeure entier avec ses propriétés sous l'être qui se le subordonne.

Si maintenant nous examinons le cas où l'instrument est *intrinsèque* et fait partie de l'être qui s'en empare, nous verrons qu'il en est absolument de même, et que toute la différence consiste dans une subordination beaucoup plus intime qui a pour but de donner à l'être de l'instrument et à ses propriétés une modalité nouvelle sous laquelle cet être accomplit des actions qu'il ne saurait accomplir sous sa nature première. Cet instrument est transformé dans sa nature, de sorte que son être et ses propriétés, sous cette nature nouvelle, accomplissent le mouvement comme l'instrument extrinsèque, prenant part à l'acte en le suscitant parce qu'il le rend possible, et le réalisant selon ses actions propres. La puissance vitale qui s'empare de la matière, la modifie dans son être et dans ses propriétés pour s'en faire un instrument propre sous le nom de corps; mais ce corps n'exécute les mouvements qu'on va lui demander qu'en raison de sa nature matérielle modifiée, et selon les aptitudes qui le rendent propre à ces mouvements. C'est la puissance vitale, la Forme substantielle de l'être vivant qui ordonne l'acte; mais c'est l'instrument disposé qui l'accomplit après l'avoir suscité en le rendant possible comme le fait tout autre instrument.

Ce que nous avons vu du cadavre nous ouvre tout à fait les yeux sur ce rôle. Le cadavre est le corps privé de son principe d'être: c'est l'instrument intrinsèque de ce principe; et nous le voyons végéter en raison de ses cellules végétantes, montrer sa circulation artificielle, sa sensibilité nerveuse, sa contractilité fibrillaire. Ce ne sont là que des actions partielles des pièces d'une admirable machine très-compliquée, et nous ne saisissons là que des mouvements d'instruments. L'acte vital nous échappe, parce que l'acte est de l'être qui l'ordonne, il dépend de la Forme substantielle qui avait disposé son instrument et l'entretenait. Nous saisissons comment, dans le particulier des mouvements, l'instrument accomplissait ces actions qu'il accomplit encore imparfaitement et en détresse lorsque son principe d'activité vient de le quitter. Ce mécanisme, en tant que mécanisme, n'avait d'être que par ce principe; et maintenant à l'état de cadavre, il est un quelque chose qui n'a plus d'être propre, mais qui cependant subsiste encore, existe bien réellement en raison des éléments substantiels combinés qui le composent. Ce sont ces éléments substantiels dont l'être et les propriétés avaient été modifiés par la vie, et qui, subsistant sous cette modalité qu'ils ont reçu, accomplissent encore sans elle des actions qu'elle seule pouvait ordonner; et ces actions partielles, qui demeurent comme une impulsion donnée, n'ont pour support que l'être des éléments matériels du mécanisme.

C'est donc selon sa constitution matérielle que ce corps sert d'instrument intrinsèque à sa Forme substantielle vivante; et celle-ci ne peut agir qu'en raison des actions que cet instrument rend possible; de sorte qu'il est l'élément possible de la vie. Dans tous nos actes nous ne pouvons rien ordonner que selon ce que notre organisation rend réalisable; et c'est la possibilité de telles ou telles actions qui nous fait ordonner les actes sous lesquels ces actions s'exécutent. Notre être peut se tromper sur la valeur réelle de notre instrumentation intrinsèque, lui attribuer plus ou moins qu'elle peut, et ces illusions sont fréquentes; c'est cependant toujours en raison de cette possibilité réelle ou fictive, exagérée ou atténuée, que nous ordonnons nos actes, et que notre vie se déploie. Notre organisme est tout à la fois le suscitateur et le réalisateur de nos actes, parce qu'il en est l'exécuteur, et que nous ne saurions concevoir aucune activité sans la possibilité d'une exécution qui lui sert de tentation. Nous ne saurions accomplir aucun acte que selon cette instrumentation; il nous faut l'organe du verbe pour parler, comme l'organe de locomotion pour marcher, comme l'organe de digestion pour digérer; et l'action accomplie sera en raison de l'état de cet organe qui l'exécute au moment où il agit. La maladie même n'est point en raison de la cause qui nous rend malade, mais de notre organisme plus ou moins disposé à la maladie; de sorte que la même cause peut nous donner telle maladie à l'un de nous, et une autre à un autre, ou une maladie grave à celui-ci, légère à celui-là.

Il est bien vrai cependant que le principe d'être fait son instrument. L'ovule dans lequel le nouvel être déploie son activité n'est qu'un petit corps sans organisation propre. Il est livré à peu près le même à tout être nouveau, et c'est celui-ci qui l'organise, le dispose, l'arrange pour sa vie ultérieure. Cette disposition est même un commencement d'acte et d'action; car la formation de l'instrument est déjà une action matérielle, et chaque organe est constitué, organisé en vue d'une action à produire; de sorte qu'un physiologiste a pu dire très-justement que l'idée de l'action dispose l'organe. Mais remarquons soigneusement les dispositions dans lesquels se forme l'instrument intrinsèque, et nous allons encore saisir le rôle de sa constitution matérielle.

Les Formes substantielles ne peuvent d'elles-mêmes s'emparer de la matière. Cela n'est arrivé qu'une fois au jour de la création. Depuis ce jour, la Forme substantielle ne peut s'emparer de la matière qu'à la condition expresse de la détenir déjà en voie d'organisation. Il faut la possession d'une matière qui a reçu l'impulsion vitale pour que le principe d'être puisse développer l'être. La génération lui livre précisément ce corps embryonnaire premier dont elle a besoin. D'où vient-elle elle-même? comment se produit-elle dans les générateurs? d'où vient, ou comment se forme ce principe d'être qui sort des générateurs végétaux ou animaux? Comment le couple humain reçoit-il de Dieu, qui, seul, peut la donner, l'âme de cet être nouveau qui sera son fils ou sa fille? autant de questions insolubles. Mais ce que nous voyons, c'est que la Forme substantielle du nouvel être lui est donnée avec cette petite partie matérielle de la vésicule embryonnaire. Cette forme ne saurait d'elle-même se constituer un corps de toutes pièces, on lui donne un embryon de corps pour commencer son œuvre, embryon où la matière est déjà en voie de composition et d'organisation.

Cette matière est bien peu de choses; c'est un élément bien infime eu égard au corps qu'il servira à construire: dans cet ovule qui deviendra un de nos grands animaux, la vésicule embryonnaire mesure à peine un millimètre, et l'homme apparaît dans une aire d'un dixième de millimètre. Cependant, cet instrument si minime est déjà plein de tant de choses! les éléments matériels qui le constituent ont été ainsi combinés, qu'ils détiennent toutes les aptitudes héréditaires dont ces générateurs l'ont doué; et la Forme substantielle qui s'en empare, qui va l'organiser en s'assimilant des substances étrangères, ne pourra l'organiser et ne pourra lui faire produire des actions, dans beaucoup de cas, que selon les aptitudes héréditaires. A tel âge, cet être nouveau sera telle chose comme ses générateurs, selon les dispositions et les aptitudes de son instrument; il aura telles qualités, telles habitudes, telles manières d'être; il sera malade sous telles influences, et il le sera de telle manière; son sang aura telle constitution, ses membres telle disposition. Et, cependant, cet être aura sa personnalité propre, son individualité dans l'ordonnance de ses actes sous ces actions qui sont de son instrument; et sa puissance peut-être telle qu'il modifie ses actions en modifiant son instrument, selon les actes qu'il croira possibles et lui fera exécuter; mais il ne fera ces modifications qu'autant encore que l'instrument s'y prêtera.

Ainsi, apparaît aussi manifestement que possible la distinction de l'être et de son instrument intrinsèque. Cet instrument accomplit les actions ordonnées en raison de la modalité de vie où leur être et leurs qualités ont été mis; mais il fallait que cet être et ces qualités fussent de leur nature aptes à la modification qu'on leur imposait. Ce corps de l'être vivant joue donc bien le rôle d'instrument de l'être, mais d'instrument intrinsèque, parce que l'être et les qualités des substances matérielles dont il est formé reçoivent une modification de nature qui les adapte à de nouvelles conditions d'action. Le principe formel est le principe de l'être en ordonnant les actes; et les substances matérielles organisées sont le principe des actions en raison de ce qu'elles permettent d'opérer, comme tout instrument. L'un est l'élément ordonnateur, et l'autre l'élément réalisateur du mouvement. Le premier ordonne en raison ce que le second rend possible, et il est suscité à l'acte en raison de la possibilité mise à son service; le second réalise selon le mouvement qu'on engendre en lui, et on ne lui engendre ce mouvement qu'en raison de ce que son être et ses qualités peuvent exécuter dans la modalité d'être où on le met.

Lors donc que les thomistes nous disent de prendre garde à ne pas prendre le corps pour un instrument, ils dressent devant nous un vain épouvantail. Nous tomberions sans doute dans l'erreur si nous nous servions du mot instrument, dans son acception générique, et à plus forte raison si nous confondions le corps avec les instruments extrinsèques; mais, du moment où nous spécifions que c'est l'instrument intrinsèque de l'être vivant, nous demeurons dans la vérité de la doctrine comme dans la vérité des faits.

CHAPITRE XVI

De l'unité de l'être dans la dualité.

La doctrine de l'être vivant exige impérieusement de son interprétation une solution qui embrasse tout à la fois ces deux choses, en apparence contradictoires: l'unité de l'être et sa dualité. Le christianisme, qui a dévoilé la nature de l'homme comme on ne l'avait jamais aussi bien connue, a dit de cet être qu'il est tout à la fois corps et âme, et que les deux ne font qu'un être; et, depuis que cette vérité a été ainsi formulée, il n'y a que des sectes insensées qui l'aient récusée; toute conscience non pervertie par un enseignement vicié, l'acclame dès qu'elle la reçoit. J'ai en moi un principe d'être qui est moi, et j'ai un corps qui est encore moi; mon moi se compose bien de ces deux choses, et cependant mon moi n'est pas deux êtres, mais un seul et même être.

La connaissance de l'être implique donc nécessairement celle de son unité et celle de sa dualité; et, ne voir que l'unité ou ne voir que la dualité, ce n'est point connaître l'*être*. Il ne suffit pas même de voir l'une et l'autre, il faut encore voir l'une dans l'autre et comprendre quelle est cette unité et quelle est cette dualité.

L'être pourrait être un par agrégation ou par attribution. Ainsi, la maison est une sorte d'être par agrégation de matériaux divers ; mais ce n'est qu'une unité de réunion; et mon moi n'est pas seulement la réunion d'éléments divers, c'est une union qui ne fait qu'un de choses différentes. La maison peut être divisée en deux ou en trois sans cesser d'être ce qu'elle est; et on ne peut diviser l'être vivant sans l'anéantir. L'unité vraie est l'unité simple, l'unité indivisible; du moment qu'on la divise elle n'est plus. Un morceau d'or ou d'argent, ou d'une substance quelconque, peut être divisé à l'infini : c'est une agrégation d'atomes; l'atome indivisible représente seul l'être matériel. Mais cet atome, composé de matière et de la forme de l'or, ne pourrait être divisé en séparant ces deux conjoints, sans cesser d'être. Prenons un être vivant quelconque; nous ne pouvons le diviser sans le faire mourir, à moins qu'il ne contienne deux ou plusieurs êtres distincts. D'un autre côté, mon moi possède : il possède mes habits qui me couvrent, et tout ce dont il peut disposer comme lui appartenant ; mais tout cela est de moi et n'est point moi; on peut me dépouiller de tout, me laisser nu comme un ver et mon moi demeure entier.

Cette unité indivisible de l'être apparaît dans trois lois de sa constitution. En premier lieu, l'être se traduisant par l'activité, il n'y a vraiment qu'une seule activité; car, dès qu'elle se condense sur un point de l'être, elle diminue sur tous les autres; ce qui n'existerait point s'il y avait deux ou plusieurs activités. En second lieu, toutes les activités particulières dans les modes divers où on les voit, se rapportent toutes à l'unité d'être: c'est pour mon moi que mon œil voit, que mes bras travaillent, que mes jambes me portent, que mon cœur bat, que mon estomac digère; et chacune de ces activités n'existe et n'est explicable que par l'être qui est leur unité et leur principe. En troisième lieu, chacune de ces activités est ordonnée réciproquement avec les autres, dans l'unité de l'être; de telle sorte qu'elles sont toutes l'une à l'autre un complément, et on ne pourrait augmenter ou diminuer l'une d'elles sans nuire aux autres, et sans nuire à l'être dans son unité.

Cette unité montre donc que l'être est un, et, par là même, un dans son principe. Comme nous nommons ce principe une Forme substantielle, cette Forme est unique et elle est le principe de toutes les activités de l'être. Et, comme ce principe est un, il est présent partout, pour faire l'unité jusque dans les parties les plus petites et les plus atomistiques; sans quoi il y aurait quelque chose qui échapperait à l'unité. En un mot, le principe de l'être a tous les caractères de l'unité de l'être.

On ne peut concevoir d'autres principes à l'être, car ce principe premier suffit amplement à expliquer l'être et son unité. S'il y avait d'autres principes, ceux-ci seraient nécessairement inférieurs et seraient absorbés par celui-ci ou subordonnés et rentreraient dans son unité; car autrement ils seraient séparés et feraient deux ou plusieurs, ce qui détruirait l'unité.

Saint Thomas a développé cette argumentation avec une puissance qui l'a rendue inattaquable, et le manichéisme devant lequel il se trouvait en a été ébranlé jusqu'en ses fondements. Les thomistes qui ont reçu cet héritage l'ont justement défendu avec ardeur.

Mais cette démonstration de l'unité de l'être, ne doit point nuire à la dualité de l'être qui est un second point très-important de la question. Ecoutons ce que nous dit l'observation de la nature : elle nous démontre que le dogme qui atteste la dualité de la constitution de l'être, est absolument vrai. Saint Thomas dit justement que, dans les choses de la nature, il faut écouter la nature, à condition de ne point aller contre ce qui est surnaturel et d'autorité divine ; *in omnibus asserendis sequi debemus naturam rerum, præter eaque auctoritate divina traducitur, quæ sunt supra naturam* (9, 119) ; à plus forte raison devons-nous écouter la nature quand ce qu'elle nous enseigne est d'accord avec le dogme.

La nature nous montre très-bien dans la vue du cadavre que le corps ne peut rien par lui-même, qu'il n'a pas en lui l'explication de sa vie, et que sa vitalité dépend du principe de vie qui l'animait ; mais elle nous montre très-bien en même temps que l'existence matérielle de ce corps ne dépend point du principe de vie, puisque, celui-ci s'étant retiré, la matière du corps subsiste. Le corps a donc son existence matérielle distincte de son être vivant et qui subsiste sous celui-ci tout en ne faisant qu'un avec lui.

Tout ce que nous avons vu précédemment du rôle du corps dans l'être, montre bien qu'il y a chez celui-ci la présence de l'être matériel jouant son rôle dans l'unité. Comme nous l'avons indiqué, il y a dans l'être des actes et des actions; et il y a nécessairement le principe d'activité et le principe de mouvement ou d'action.

Sans cette grande vérité de la distinction de l'acte et de l'action, l'être et sa vie est inexplicable! Comment sans cela se rendre compte des oppositions, des contradictions qu'il y a dans cet être et dans cette vie, des actes qui projettent plus que l'action ne peut accomplir, de ces actions qui font plus que l'acte n'ordonnait? Sans doute l'unité est dans l'être, et cette unité se montre selon les trois lois constitutives que nous indiquions plus haut; mais cette unité n'est jamais parfaite, elle est le plus souvent dérangée; et il est impossible d'expliquer ces déviations sans faire intervenir des éléments contradictoires et détraquables. Hippocrate a dit un mot d'une profondeur admirable: « Si l'homme n'était qu'un, comment pourrait-il être malade? La maladie suppose le désaccord, la désharmonie, la déviation des lois normales, un commencement de dissociation; et cela suppose des associés qui ont leur rôle. Sans doute l'homme est dans l'unité; mais dans cette unité il y a aussi pluralité.

Si nous acceptions avec les thomistes que la Forme substantielle est l'unique principe d'être, et que la matière du corps perd son principe d'être dans l'union qu'elle contracte, alors, il est vrai, l'être serait bien dans l'unité, mais il n'y aurait plus que la forme dans l'être, et cette forme constituerait tout l'être. Vous aviez deux éléments, vous les unissez, puis vous admettez que l'un des deux disparaît : il n'y a pas conjonction, il y a absorbtion de l'un par l'autre, et vous ne sauriez traiter cela d'union.

En vérité, cette matière du corps n'a point disparu ; le dogme dit très-justement que l'homme est formé d'une âme et d'un corps unis substantiellement. Ce corps existe bien réellement dans la matière dont il est composé et il est impossible d'accepter que cette matière existe, qu'elle joue un rôle sans avoir un principe d'être. Nier cette existence, cet être de la matière du corps, c'est nier le corps et le rôle qu'il joue. Tous les chrétiens depuis l'Evangile et depuis saint Paul, le premier de nos philosophes, sont unanimes contre une semblable thèse. Et non-seulement les chrétiens, mais les moralistes quels qu'ils soient ne sauraient se reconnaître dans la nature de l'homme sans cette dualité humaine accusée par le rôle de l'âme et le rôle du corps.

Comment les théories dualistes auraient-elles été si nombreuses, si persistantes, si impitoyablement tenaces, si la nature ne leur offrait un prétexte flagrant ? Pourquoi les rencontre-t-on même chez des chrétiens convaincus, instruits et pieux, comme tant de médecins de l'Ecole de Montpellier, tant de médecins de toutes les écoles ? c'est que la dualité de l'être s'accentue devant tout observateur et qu'elle va souvent jusqu'à leur faire méconnaître l'unité, tant elle est flagrante dans ses traits ! On voit ces médecins, non-seulement s'autorisant de leur science qui atteste les contradictions et les oppositions dans l'unité, mais trouvant encore dans saint Paul tous ces cris inénarrables du grand saint qui marque en traits de feu les tentations, les séductions, les entraînements, les déchirements, les passions multiples de la chair. Le corps crie la souffrance, la maladie et la tentation, les entrainements et les faiblesses de sa nature matérielle, et il faudrait dire que cette nature n'a pas d'être propre? Il n'est point de chrétien, point de penseur, point d'homme qui ne sente, connaisse, et n'accuse l'autocratie de son corps distinct de la suprématie du principe spirituel!

Cette dualité est donc aussi vraie dans les faits que dans le dogme; mais elle ne saurait nuire à l'unité qui est non moins assurée; et on ne peut pas plus nier l'une qu'on ne peut nier l'autre.

La question de l'être est sans doute rendue plus difficile par ces deux vérités conjointes et d'apparence contraditoires; mais il faut que la philosophie en prenne son parti de l'expliquer cependant ou d'abdiquer. On ne peut en sortir par un subterfuge, et le thomisme n'a suivi qu'un subterfuge qui altère la vérité; il faut la vérité elle-même telle que le dogme et la nature nous la montrent.

Pourquoi récuser ce que la nature nous montre si clairement d'accord avec le dogme, l'être sans le principe formel n'est point, c'est ce principe qui lui donne son être et son activité. Vous l'enlevez et il ne reste que le cadavre : la matière qu'il avait transformée et qui palpite encore de l'impulsion des dernières étreintes, qui palpite parce que c'est elle qui palpite, et qui va se résoudre en éléments inorganiques parce que d'elle-même elle n'est que cela. Elle n'est que cela, mais elle est cela, avec ses aptitudes à être l'action de la vie sous le principe qui lui donnera une nouvelle modalité d'être. Elle vit donc sous la Forme qui la détient, elle vit d'une vie nouvelle qu'elle contracte pour s'y montrer avec des puissances d'action qui rappellent sa nature première, mais qui nous montrent cette nature transformée.

Sous cette forme nouvelle, la matière fera l'action de cette forme, et cette forme fera son acte. Elle prête son être à ce principe d'être qui ne lui donne pas l'être, mais qui lui donne d'être un nouvel être; de sorte que son être s'unit à cet être qui se la subordonne. Pourquoi ces deux êtres ne s'uniraient-ils pas, bien qu'ils soient de nature différentes, comme nous voyons deux êtres matériels s'unir pour en former un nouveau dans ces combinaisons chimiques dont nous avons parlé. Ils se sont l'un à l'autre un *complément;* et, devant se compléter l'un l'autre pour former un être nouveau, l'être de l'un est aussi nécessaire que l'être de l'autre. Les scolastiques ne pouvaient comprendre l'union des Formes substantielles, parcequ'ils n'avaient aucune idée vraie de l'union des êtres matériels et du rôle de complément que chaque être joue dans l'union. Mais ce que la science nous dévoile dans l'union des substances matérielles nous permet d'entrevoir ce qui doit se passer entre une substance matérielle et un principe de vie; les formes, les principes d'être s'unissent, et l'inférieur ravit, entraîne dans cette union, la matière qu'il détient.

Ce n'est point à la matière première que s'unit le principe de vie, c'est à la Forme substantielle d'une matière déjà informée. Et là, cette Forme substantielle de l'élément matériel n'est point un principe intermédiaire servant à enchaîner deux conjoints, idée singulière qui répugne à la logique aussi bien qu'aux faits, c'est un degré intermédiaire naturel de la hiérarchie des êtres. Cette chaîne hiérarchique des êtres montre des degrés mani[illegible]s et indique à l'esprit que l'inférieur d'un deg[illegible] touche au supérieur de l'inférieur, comme on le disait autrefois, *supremum infimi attingit infimum supremi*, l'union ne se fait point en sautant des degrés.

Alors, il est bien visible que la dualité dans l'unité est absolument naturelle et logique. Le corps ne peut être corps sans le principe de vie qui informe l'être des éléments matériels, et cet être des éléments matériels ne fait les actions du corps que selon la modalité d'être reçue de la forme vivante. Il n'y a donc qu'un principe d'être, qu'un principe d'activité; partout où la nature est corps, partout ce principe affirme sa présence et ainsi il n'y a bien qu'un être. Cependant, la matière du corps agit sous la Forme substantielle, tout à la fois en raison de son être et en raison de la modalité que cet être a reçue; de sorte qu'ayant son être et son action, cet être et cette action ne p[illegible]ent opérer que dans la modalité d'être dépendant de la Forme substantielle qui les détient. Elle est instrument, mais instrument propre de l'être qui l'a fait ce qu'elle est devenue. Quoique transformée, elle n'est point apte à tout, elle n'est apte qu'à ce que sa nature peut donner, et sa nature intervient dans le mouvement qu'elle est chargée d'accomplir; elle est donc sous le principe qui la vitalise comme un second élément de l'être. Son être est distinct de celui qui le détient, mais il lui est uni pour faire dans l'unité ce que l'être supérieur lui demande et ce qu'il accomplit dans sa possibilité.

Ainsi la doctrine reconnaît au principe formel tout ce que lui reconnaissait saint Thomas, en accordant aux éléments du corps un être et une action qu'on méconnaissait. Le principe formel a son être distinct de celui de la matière informée, et cet être peut subsister indépendant du corps s'il a par lui-même, comme l'âme humaine, des activités capables de s'exercer sans instrument matériel; mais pour le déploiement de toutes ses activités où la réalisation matérielle est nécessaire, il ordonne l'acte, et le corps en fait l'action. D'un autre côté, le corps est réellement existant dans l'être des éléments matériels qui le composent, et c'est en raison de l'être et des propriétés de ces éléments qu'il accomplit ses phénomènes, selon la modalité d'être où se trouvent ces éléments; mais ceux-ci ne peuvent être dans cette modalité, et produire les phénomènes qu'ils donnent en raison de cette modalité sans le principe formel qui leur donne et leur entretient cette même modalité d'être; ou autrement, le principe d'activité ordonne l'acte, et, en même temps, modifie l'être instrumental qui doit faire l'action; et celui-ci accomplit l'action en raison de son être et de ses propriétés modifiés par le principe qui l'informe. Ainsi, l'être est bien une unité, car les éléments matériels ne peuvent être corps sans le principe de l'être; cependant la dualité du composé s'accentue réellement, car les éléments du corps n'agissent qu'en raison de leur être modifié dans sa nature et ses qualités, mais subsistant.

La philosophie qui constate cette union des êtres par leurs Formes substantielles ne fait en réalité que suivre ce que la nature lui démontre dans ses phénomènes les plus patents; et elle conclut de ce qui se passe visiblement à ce qui se doit faire intimement: *invisibilia per visibilia*, comme dit l'ancien adage. Quand à aller plus loin, et à savoir ce qu'est cette union dans son intimité, c'est là l'essence des choses, ce mystère profond qu'on rencontre à la base de tout, et qui échappe à la science, laquelle ne doit pas plus avoir la prétention de connaître l'essence de l'union que l'essence des essences unies. Il faut savoir s'arrêter là où sont les limites du terrain défrichable, et, comme le disait Tertulien, *non amplius est inquirere quam amplius est invenire.*

Ce qu'il y a d'ailleurs de remarquable dans les subtilités du thomisme, c'est qu'elle ne lui font pas franchir la difficulté du mystère de l'unité dans la dualité; si on le presse il n'échappe pas à la dualité, ou il n'y échappe qu'en supprimant la matière, ce qu'il dit ne point vouloir faire. Il a beau déclarer que la matière change de principe d'être, il faut arriver au nœud de la question et déclarer positivement si l'être matériel persiste ou non. Si l'être matériel persiste, il ne peut subsister sans un principe d'être propre, comme nous l'avons vu; mais, en admettant qu'il persiste en changeant de principe premier, il est réellement ou il n'est pas, s'il est réellement, positivement, efficacement, ce qu'il faut accepter puisque ses qualités l'affirment, il est donc quelque chose de différent de l'âme, et comment rentre-t-il alors dans l'unité? être différent et subsistant différent, sans principe d'être propre: c'est inadmissible. Il ne peut être sans former une dualité avec le principe de vie qui l'informe. Mais alors la dualité qu'on veut esquiver demeure en définitive entière, et sa résolution dans l'unité devient impossible, car les qualités matérielles qu'on déclare subsistantes demeurent en dehors du principe informant. On a fait l'unité en supprimant l'être de la matière; on laisse subsister une dualité irréductible en conservant des qualités matérielles non informées.

Il n'y a donc pas d'autre moyen de sortir de la difficulté qu'en admettant la subordination réciproque des deux éléments qui s'unissent dans l'unité: l'un transforme l'être de l'autre, et le second réalise l'être du premier. On obtient alors, non plus l'unité d'une part, et la dualité d'une autre part, irréductibles l'une dans l'autre; mais on consacre la dualité dans l'unité, ce qui est le fait vrai.

CHAPITRE XVII

Le Thomisme devant le Manichéisme.

Nous ne différons donc du thomisme que sur un point, considérable il est vrai, mais secondaire, car le fait capital de la doctrine consiste dans la Forme substantielle qui établit l'unité spirituelle de l'être. C'est là le vrai thomisme, la gloire de saint Thomas, et nous nous y rallions pleinement, absolument, parce que c'est l'absolue vérité, ne faisant qu'une correction par une autre interprétation tout aussi étroitement liée au dogme de ce grand théologien, et qui a le mérite incontestable de rattacher à ce dogme des sciences que le thomisme éloigne.

Nous ne saurions nous séparer vraiment d'une aussi grande école, et il nous importe de montrer les services qu'elle a rendus, tout en établissant qu'elle a failli à de plus grands, en raison de son attache trop étroite à l'erreur péripatétisme. Il ne nous suffit pas d'avoir déjà indiqué ce point, les conséquences en sont trop considérables pour ne pas y insister. La gloire de saint Thomas est trop grande et trop pure pour ne pas la dégager d'une question secondaire qui ne peut en rien la ternir. Si le thomisme a failli par le fait du temps et d'erreurs purement humaines, il est d'autant plus nécessaire de relever la grandeur du dogme dont il est l'expression philosophique la plus nette; et il importe plus que jamais de montrer comment une interprétation qui semble l'avoir entaché peut être légitimement modifiée par une autre qui rend au principe capital toute sa grandeur et toute sa fécondité.

Le manichéisme qui scindait la nature humaine en la représentant comme formée de deux natures accolées ou mêlées, ayant chacune son rôle indépendant de l'autre, a été l'une des plus grandes erreurs de l'esprit humain; et, non-seulement cette erreur était une contradiction au dogme de l'unité de l'être, c'était, en outre, un principe des plus dangereux en morale, et c'était comme un principe générique des erreurs qui allaient se nommer les Nestoriens, les Ariens, les Carpocratiens.

C'est ce que comprirent admirablement les Pères du IVe siècle, et, à leur tête, saint Augustin, le plus terrible adversaire du manichéisme, saint Grégoire de Nysse, le plus vigoureux logicien de l'unité de la nature humaine, saint Athanase, le saint Michel de l'Arianisme.

Lorsqu'au milieu du IIIe siècle l'hérésiarque Manès fit revivre l'ancienne théorie des deux principes associés dans l'homme comme dans toute la nature, il présentait l'âme comme le bon principe uni au corps comme un mauvais principe. Son disciple Marcion et les Apollinaires douèrent le corps d'un principe de vie mauvais et inspirèrent l'idée des deux âmes dans l'homme. On faisait même intervenir saint Paul pour assurer ce dualisme et on représentait l'homme livré à cette lutte, comme étant deux natures ou deux hommes accolés dans une unité d'association vitale. Mais pourquoi, disait le manichéisme, suivre cette lutte fatalement stérile. Ces deux êtres sont faits pour avoir chacun leur vie ; que l'âme aille à ses aspirations supérieures qui la ravissent, et que le corps suivent ses entraînements propres dont les satisfactions sont naturelles. Les souillures que le corps peut contracter, si toutefois ses satisfactions naturelles sont des souillures, importent bien peu à l'âme qui n'en est pas atteinte dans sa vie ; et, au contraire, cette âme sera d'autant plus libre dans ses allures que le corps, satisfait dans ses appétits et ses sensualités, la tyrannisera moins et lui permettra de vaquer à ses méditations spirituelles.

Il suffit de réfléchir quelques instants sur cette théorie en en repassant posément les termes, pour entrevoir l'effroyable danger moral et la perversité intellectuelle qui devaient en résulter, sans compter ce qu'on en pourrait déduire par voie de conséquence sur la nature du Christ.

Qu'on veuille bien remarquer encore que le moment était critique pour l'esprit humain. L'empire romain dominait tout le monde civilisé ; il avait partout répandu sa philosophie semi-sceptique, semi-stoïcienne, mélange d'orgueil et de sensualisme, toute prête à accepter la divinisation de l'âme pour s'énorgueillir dans sa raison, et l'avilissement de la chair pour en suivre plus à l'aise toutes les sensualités. Devant le christianisme, qui tendait à submerger toute cette pourriture, c'était comme un bonheur de trouver une théorie qui permettait de raisonner précieusement sur ses dogmes sans en suivre la morale, et qui rabaissait son fondateur en faisant de lui un homme comme tout autre simplement hanté d'un soufle divin!

Si le manichéisme avait pu triompher, c'en était fait des vérités dogmatiques et morales du christianisme, et on comprend le déploiement d'efforts que durent faire les Pères de l'Église pour confondre une telle erreur, hérésie formidable en elle-même et non moins formidable dans les conséquences qu'elle pouvait entraîner. Contre elle devait s'élever, avec une puissance surhumaine, le dogme de l'unité de l'être dans l'homme et dans le Christ, et ce dogme devait être posé comme une pierre fondamentale de la doctrine chrétienne.

Vaincue dans les écoles chrétiennes au IVe siècle, cette erreur devait reparaître et reparaître plusieurs fois. Il semble que, toujours vaincue, jamais domptée, elle soit destinée à relever la tête, chaque fois que dans le monde la doctrine chrétienne doit subir de grandes attaques. Mais, chaque fois, elle est pour l'Église l'occasion d'une affirmation plus puissante du dogme de l'unité de l'être.

Après le IVe siècle, elle se réfugie dans les écoles arabes où elle prend possession de la philosophie en s'amalgamant avec le péripatétisme. Aristote y prêtait par sa conception panthéiste de deux grands principes, l'un spirituel, l'autre matériel et, dans son *Traité de l'âme*, on ne voit pas bien si le principe intelligent actif appartient à l'âme; on semble y voir, au contraire, que l'âme est un principe de vie pour le corps, et qu'il y a un autre principe, d'origine divine, pour la raison, tous deux simplement associés. Alexandre d'Aphrodise, contemporain de Marcion et des néo-manichéens, en même temps commentateur très-subtil et très en vue des œuvres d'Aristote, expliqua le Maître dans ce sens, et passa cette explication aux Arabes. Parmi ceux-ci, Ibn-Sina (Avicennes), et surtout Ibn-Roschd ou Averrhoës développèrent encore cette interprétation en l'accusant.

Il y a ici un point d'histoire fort intéressant sur lequel j'ai tenté de jeter quelque lumière par mes articles sur l'Averrhoës et l'averrhoïsme de M. Renan (*Revue du monde catholique*, juin et juillet 1864). Le manichéisme ancien avait pénétré le judaïsme, où il s'était allié au pharisaïsme, et le juif Philon, plein de la tradition pharisaïque, avait été le maître d'Alexandre d'Aphrodise, le commentateur par lequel les écoles arabes avaient connu Aristote. De leur côté, cette école philosophique dite arabe, était surtout composée de médecins juifs cachant leur race; et ses dogmes qui se résumèrent dans Ibn-Roschd (Averrhoës), probablement juif, et dans Moïse ben-Maïmoun (Maïmonide) certainement juif, furent apportés, introduits en France par les juifs de la Narbonnaise, et se répandirent dans tout le bassin de la Garonne. A la suite desquels on vit éclore le noé-manichéisme des Albigeois. Et, dans le même temps à peu près, Michel Scott traduisait en Allemagne, pour le monde latin, les nouveaux commentaires qui présentaient Aristote sous un sens manichéen qu'on ne lui connaissait pas.

Ce fut ainsi qu'au XIIIe siècle, la civilisation occidentale chrétienne se trouva devant deux figures d'Aristote: l'Aristote qu'on avait connu par les commentaires de Bœëce, et l'Aristote des Arabes. Pour se faire une idée de la contradiction, qu'on veuille bien se souvenir que Bœëce, commentant l'organon et traitant de l'âme, ne faisait que reproduire la doctrine de saint Grégoire de Nysse et de saint Jean de Damas sur l'unité du principe informateur. Il y avait un abime entre cette doctrine et celle des Arabes; et, par là, on s'explique aisément comme le péripatétisme put être à la fois anathématisé et exalté dans le même temps.

En 1311, le Concile de Vienne condamna la doctrine des deux âmes, formule du nouveau manichéisme; mais ce n'était pas assez. Le monde philosophique comprit très-justement combien il importait de ruiner logiquement la base de cette erreur, et le maître le plus éminent de tous, saint Thomas, mit en œuvre, pour ce but, toutes les ressources de sa puissante raison, et toutes celles que la science du moment pourrait lui fournir. Il ne faut point l'oublier, la philosophie, placée entre la religion et la science n'a pas d'autre œuvre qu'à ingénier sa raison, l'élever, l'éclairer, l'assouplir, pour lui faire trouver le lien entre les vérités supérieures qu'elle acquiert et les données scientifiques que lui fournissent les sciences particulières; de sorte que si d'un côté elle trouve un guide certain dans les dogmes, elle ne peut avoir, d'un autre côté, que les renseignements mobiles des sciences. On peut lui faire des reproches si elle s'éloigne des vérités supérieures acquises, mais on ne saurait mettre à sa charge les erreurs que les sciences particulières lui fournissent. Saint Thomas avait devant lui le dogme qu'il a developpé avec une clarté et une élévation de raison dont on ne se rend compte que par une assistance particulière de l'inspiration divine, et que salue le respect de tous les âges. Mais, d'un autre côté, il n'avait à sa portée que les sciences naturelles tirées des œuvres d'Aristote pour la plus grande partie, et, de là, des erreurs inévitables qu'il serait injuste de mettre à sa charge.

On sait que, dès la fin du XIIIe siècle, les doctrines de saint Thomas furent singulièrement attaquées, et même censurée dans l'école de Paris; et que les disciples du Maître, les thomistes, ne reprirent de l'ascendant que dans la seconde moitié du XVe siècle. Mais il faut se souvenir que les attaques et les condamnations furent le fait des Scottistes devenus prépondérants à la fin du XIIIe siècle, et que ces scottistes furent un degré de chute vers l'Ockamisme, lequel prêchait la séparation du spirituel et du temporel; que ces scottistes et ces ockamistes, issus d'Angleterre, devinrent absolument triomphants dans l'Université de Paris sous l'influence de la domination anglaise pendant le XIVe et la première moitié du XVe siècle. Lorsque les docteurs français reprirent possession de l'Université ils y ramenèrent le Thomisme d'autant plus ennemi du Scottisme et de l'Ockamisme que ces écoles étaient étrangères et qu'elles versaient, peut-être inconsciemment, dans une nouvelle formule du manichéisme que saint Thomas avait combattu avec tant d'ardeur et tant de puissance.

Il est certainement très-malheureux que les thomistes n'aient point fait alors un départ de ce qui appartenait à saint Thomas et de ce qui revenait à Aristote. Mais on ne saurait leur en faire un grand reproche en considérant la situation où ils se trouvaient. D'une part ils avaient à lutter contre le scottisme et l'ockamisme qui en était la queue, dont le versement dans la pente manichéenne était manifeste; d'une autre part ils avaient devant eux le néo-platonicisme qui ramenait tout à la fois le panthéisme et le manichéisme; et enfin les sciences nouvelles étaient encore dans leur embryon incapables de donner une base scientifique solide; de sorte qu'Aristote, interprété dans le sens de saint Thomas, était encore ce qui semblait supérieur à tout. On comprend aisément ainsi, comment tous les philosophes qui voulaient rester étroitement attachés à la vérité religieuse, combattaient ardemment pour saint Thomas, remorquant Aristote. On comprend comment ce courant finit par l'emporter en majorité, comment il devint triomphant à ce point que saint Thomas fut placé sur le pupitre du Concile de Trente comme l'ange de l'École, et comment, quelques années plus tard, lorsqu'il s'agit de constituer des traités méthodiques et élémentaires de philosophie, ce qu'on n'avait point encore fait, on se contenta de résumer les œuvres d'Aristote que saint Thomas avait appelé le philosophe, c'est-à-dire le philosophe par excellence.

Le thomisme ne fit donc que continuer la lutte si bien menée par son maître contre le manichéisme; et la condamnation des deux âmes, renouvelée au Concile de Latran, en 1515, comme la sanction donnée aux inspirations de saint Thomas par le Concile de Trente, fut son triomphe.

Mais les temps changeaient: à côté du monde savant officiel, entièrement composé de philosophes thomistes et péripatéticiens, se produisait, avec une rapidité qui tenait du vertige, l'éclosion d'un monde scientifique qui venait battre en brèche la plupart des données de la science ancienne, culbutant Aristote aussi bien que Galien. Ce monde nouveau venait affirmer et démontrer un rôle de la matière brute et organisée qu'on ne connaissait pas, prouvant que l'être instrumental avait une influence jusqu'ici méconnue. La situation devenait grave et tendue, la lutte s'établissait entre le péripatétisme soutenu par les thomistes d'un côté, et les sciences nouvelles d'un autre.

Une solution cependant était possible, celle que nous avons présentée. Il fallait se dépouiller du péripatétisme qui n'avait été pour saint Thomas que l'armure de son temps, et revêtir l'armure nouvelle des sciences qui paraissaient et qui, comme nous l'avons montré, étaient encore plus favorables au dogme capital de l'unité de l'être que ne l'était le péripatétisme dont saint Thomas avait été obligé de forcer et d'assouplir les doctrines pour en faire le soutient de la vérité. Mais ces thomistes étaient habitués à leur science péripatéticienne qu'ils avaient si habilement mise en œuvre et qu'ils croyaient si fondue avec le dogme, pendant qu'ils voyaient d'un œil plein de réserve ces sciences nouvelles culbuttant, avec une fougue sans égale, toutes les données scientifiques qu'ils avaient appris à révérer parce que le Maître les avaient estimées.

Quand nous nous reportons par la pensée à cette époque si agitée, le premier sentiment qu'on éprouve est celui d'une peine, à voir qu'on aurait pu mieux faire, semble-t-il; et, incontestablement, je suis avec ceux qui regrettent que les disciples de la doctrine thomiste ne se soient pas suffisamment inspirés des nécessités scientifiques du moment. Mais les hommes sont des hommes, ils ont des faiblesses; et, d'ailleurs, il y a des moments où dans la bataille, tout en défendant le camp de la vérité, la fumée, le bruit, l'enivrement du combat font perdre la vue exacte des lignes; de sorte que le combattant peut avoir droit à tous nos hommages pour sa vaillance, encore bien qu'il ait pu s'écarter sur quelques points.

Rendons-nous donc bien compte qu'à la fin du XVIe siècle et dans la première moitié du XVIIe, lorsque les sciences nouvelles prirent définitivement leur essor, le thomisme portait la gloire de quatre siècles de luttes et de triomphes. Il avait terrassé les Albigeois et toutes leurs sectes manichéennes; il avait glorieusement combattu le scotisme et fait reculer le danger qui pouvait y être contenu;

il avait non moins combattu l'ockanisme qui proclamait la séparation du spirituel et du temporel, nouvelle forme du manichéisme; combattu encore le neoplatonicisme, où le dualisme païen s'affirmait d'une nouvelle manière; combattu encore le protestantisme, où le manichéisme se glissait aussi sous le nom de séparation de la Foi et des œuvres. Il était tout frémissant de la bataille incessamment tenue depuis tant de temps, lorsque ces sciences nouvelles expérimentales venaient affirmer une certaine autonomie de la matière distincte de celle de l'esprit, et faire reparaître ainsi et encore ce manichéisme sans cesse abattu et jamais mort, qu'on croyait cependant avoir définitivement terrassé dans le grand triomphe du Concile de Trente, qui résumait tous les triomphes antérieurs.

Ainsi donc, au moment de la grande victoire des sciences nouvelles, l'immense majorité du monde philosophique était thomiste et, par cela même, péripatéticienne; et il semblait que le péripatétisme, ayant été comme baptisé, fut soudé irrévocablement à la doctrine de saint Thomas. Le courant naturel des idées avait ainsi fait les choses, et il nous explique comment l'Université de Paris se déclara et demeura si longtemps hostile à toutes les découvertes expérimentales, repoussant autant l'anatomie, la circulation, la chimie, la physique, que les autres contradictions à la science antérieure, soutenant Galien parce qu'on soutenait Aristote, lequel était soutenu parce que saint Thomas l'avait estimé. Et lorsque le cartésianisme résume en lui tout le mouvement des sciences modernes, il a devant lui toute la Sorbonne, toutes les facultés officielles, c'est en dehors d'elles seulement qu'il trouve des appuis. Du reste, il faut bien le reconnaître, le cartésianisme était bien justement mis lui-même en interdit, car il n'était qu'une nouvelle incarnation de l'antique ennemi; c'était bien, comme nous le montrerons, un nouveau manichéisme. Si tous ces docteurs du temps ont repoussé ces explosions de science nouvelle, ils pouvaient avoir tort devant les faits, mais ils flairaient pour ainsi dire l'erreur cachée sous les fleurs de l'expérimentalisme; ils sentaient venir le cartésianisme avant qu'il ne fut né; ils avaient le pressentiment du danger, et, de là, leur résistance.

Il y a donc, pour qui veut être impartial dans l'histoire, des regrets à exprimer sur les événements passés, compensés par les difficultés où se sont trouvé les hommes qui y ont pris part. Dans le fait que nous venons de discuter, on aimerait à voir les disciples de la doctrine thomiste démêlant la confusion des partis, continuant à soutenir saint Thomas et à combattre le manichéisme, et arrachant les sciences nouvelles à l'erreur qui les accaparait pour les exploiter, en se dépouillant eux-mêmes du péripatétisme qui les trompait. Quelle gloire eut été la leur! Quelle gloire pour le Maître dont ils vénéraient la mémoire et dont ils eussent encore réhaussé l'éclat, en montrant le fond de sa doctrine qui, préparée à l'avance, venait à point nommé pour embrasser les sciences nouvellement écloses, les féconder par une pensée qui les attendait, et les préserver des erreurs philosophiques dont elles allaient être tout à la fois les victimes et les complices!

Mais ce qu'il faut plus regretter peut-être encore, c'est que la doctrine qui avait été jusqu'alors l'adversaire heureux du dualisme manichéen ait été comme trahie par ses défenseurs eux-mêmes en ne la dépouillant pas d'une interprétation dangereuse qui n'importait aucunement au principe fondamental de l'unité de l'être, et qui, devant le cartésianisme qui s'élevait, allait se trouver sans forces et défaillante en paraissant presque l'autoriser. Ce point de la question est tellement grave, et d'une si grande importance pour les sciences naturelles, il est tellement méconnu par les derniers tenants du péripatétisme, que nous devons impérieusement nous y arrêter pour le mettre dans tout son jour.

CHAPITRE XVIII

Le Manichéisme cartésien établi sur le Péripatétisme.

C'était dans le moment où on croyait l'antique onnemi définitivement abattu qu'il reparaissait sous une forme nouvelle, plus perfide encore qu'on ne l'avait jamais connu. On peut même douter si l'homme qui l'a porté dans ses flancs pour cette nouvelle incarnation, Descartes, s'est rendu un compte exact du monstre qu'il mettait au jour; et c'est à croire que l'esprit du mal a fécondé ce malheureux génie dans un moment de trouble ou de sommeil.

Descartes, élevé dans le thomisme péripatétisme du temps, a couvé l'œuf contenu dans ces mots empruntés à Aristote: *Manent enim qualitates propriæ elementorum, licet remissæ, in quibus est virtus formarum elementorum* (76, 4). Il faut que ces mots malheureux dont les thomistes auraient dû débarrasser leur maître, l'aient touché à un endroit secret et vulnérable au mal; autrement on ne saurait comprendre le mauvais génie qui le poussa, et qui, peut-être, l'a poussé inconsciemment. Car c'est comme imprégné d'un souffle mauvais, qu'il conçoit le monde avec un esprit qui donne l'impulsion, et une matière sans *être* propre, réduite à des qualités élémentaires, à de l'étendue, pour réaliser le mécanisme du mouvement.

Sa doctrine, au fond, est là toute entière, et n'est que cela. Mais c'est avec cela que, marchant à ses conséquences fatales, elle déroule tout ce qu'elle va donner: l'esprit d'un côté, et qui n'est qu'un principe d'impulsion, avec une matière sans réalité autre que ces qualités premières donnant toute la réalité des choses; un principe premier qu'il faut poser d'abord pour ne plus s'en occuper, et des qualités matérielles qui vont devenir l'objectif exclusif de la science parce qu'elles sont le secret de tout mouvement puisqu'elles en expliquent le mécanisme; l'âme d'un côté, le corps de l'autre; la vie de l'esprit avec son rayonnement supérieur dans toute son étendue d'un côté, et, de l'autre, la vie du corps avec tout son domaine exclusivement matériel; le domaine spirituel avec sa vie de la Foi d'un côté, et le domaine temporel avec sa vie temporelle d'une autre part; le monde séparé en deux et formant comme deux corps, comme deux domaines, comme deux vitalités accolées, ne devant jamais se confondre, le monde des êtres, et le monde des corps!

Depuis plus de deux cents ans cette doctrine qui n'est que la formule philosophique du mot fameux, la Foi d'un côté, les œuvres de l'autre, s'est répandue partout, a élevé toutes les générations même catholiques, a souillé toutes les intelligences même chrétiennes; et, avec elle, un manichéisme nouveau qui a tout infecté nous ronge intérieurement sans que nous nous en rendions compte. Le monde moderne vit tout entier dans son intelligence, souvent dans sa Foi, partout dans ses sciences, presque partout dans son organisation sociale, avec ce virus intérieur qui le modifie, sans avoir conscience du mal qui le ronge. Beaucoup sont mortellement frappés; car, comme ce dualisme a pour essence de viser à supprimer l'esprit, ils ne l'acceptent que pour en amoindrir la valeur jusqu'à l'anihilation; il le fait miroiter comme un principe d'impulsion, et ensuite n'explique toute réalisation de l'être, que par le phénomène qu'il dit être la seule réalité des choses et dont il montre l'explication par le seul mécanisme des qualités matérielles; de sorte qu'il nous avait embarqué avec un miroitage de spiritualisme pour nous mener au matérialisme absolu. D'autres, sans être si malades, ont déjà perdu la moitié de leur être; ils gardent encore le culte de l'esprit et la Foi, mais leur vitalité corporelle échappe à cette influence; ils ont un livre de prière dans une poche, et un livre de science matérialiste dans l'autre; ils croient encore à Dieu et à un certain gouvernement divin pour les grandes choses, mais ils expliquent tout le courant de la vie et la suivent selon le mécanisme des qualités et des intérêts de la matière.

Et cependant, devant cette formidable erreur qui fait tant de ravage, le thomisme reste interdit et sans forces. Son antique ennemi, tant de fois vaincu, a pris bouture dans ses flancs, et peut oser lui dire: tu m'as engendré et je suis d'un de tes principes! Le thomisme péripatétique a dit que la forme est le principe de l'être, et c'est ce que dit le cartésianisme: Il a dit que la matière n'était rien, n'avait pas d'être, et le cartésianisme en dit autant; il a dit, comme conséquences, que les qualités matérielles subsistent sans le principe d'être, et c'est précisément ce qu'exploite le cartésianisme en en tirant toutes les conséquences. Descartes peut se déclarer péripatéticien-thomiste, et nul de ceux qui le sont encore ne le saurait récuser sans flétrir ses propres principes.

C'est à en mourir de douleur, il est vrai, et si le grand docteur du moyen-âge pouvait encore parler notre langue, il ouvrirait la bouche pour récuser tout prétendu disciple qui ne renierait point avec lui la science peripatéticienne qu'il avait empruntée de son temps parce qu'il n'avait qu'elle sous la main, et qu'il était obligé de parler à son époque le seul langage scientifique qu'on entendait alors.

On croit parfois le cartésianisme passé de mode, mais c'est à tort; il vit en réalité partout: dans les intelligences modernes, dans nos sciences naturelles et surtout dans la physiologie. On change souvent son nom pour faire croire à quelque chose de nouveau, mais c'est la même chose sous une étiquette nouvelle, que ce soit le *Positivisme* de Comte, ou le *Déterminisme* de M. Cl. Bernard.

Ecoutons ce dernier auteur, professeur à la Sorbonne, membre de l'Académie des sciences; c'est un cartésien moderne qui a inventé ce beau mot de *déterminisme* pour parer sa petite affaire, et qui va nous faire entendre les mêmes principes que Descartes, les mêmes que soutient le péripatétisme thomiste. On va voir où aboutit cette belle théorie des qualités matérielles subsistant sans leur principe d'être, et si saint Thomas ne renierait pas une théorie qui abrite une semblable science.

C'est dans un livre intitulé, *Introduction à la Médecine expérimentale*, édité à Paris, en 1865, que M. Cl. Bernard a exposé cette nouvelle formule du Baco-cartésianisme. La pensée y est très-diluée comme elle l'est d'ordinaire dans un cours oral, et on a de la peine à la saisir condensée sur un point pour la transporter dans une citation. Cependant, nous emprunterons quelques passages qui disent suffisamment les choses. C'est d'abord un aveu que la vie a une nature d'ensemble, ce qui veut dire une nature d'être propre, et ensuite que sa matière suit les lois purement matérielles; ce qui revient à ce que le thomisme autorise : la matière reçoit l'être d'un principe formel, et garde ses propriétés pour produire les phénomènes.

« La vie, dit notre auteur, a son essence primitive dans la force de développement organique, qui constituait la *nature médicatrice* d'Hippocrate et l'*Archeus faber* de Van-Helmont. Mais, quelque soit l'idée que l'on ait de la nature de cette force, elle se manifeste toujours *concurremment et parallèlement* avec des conditions physico-chimiques propres au phénomènes vitaux. C'est donc par l'étude des particularités physico-chimiques que le médecin comprendra les individualités comme des cas spéciaux contenus dans la loi générale, et retrouvera là, comme partout, une généralisation harmonique de la variété dans l'unité.

« S'il fallait définir la vie d'un seul mot, qui, en exprimant bien ma pensée, met en relief le seul caractère qui, suivant moi, distingue nettement la science biologique, je dirais : la vie, c'est la *création*. En effet, l'organisme crée une machine qui fonctionne nécessairement en vertu des propriétés physico-chimiques de ses éléments constituants... nous appelons vitales les propriétés organiques que nous n'avons pas encore pu réduire à des considérations physico-chimiques; mais il n'est pas douteux qu'on n'y arrivera un jour. De sorte que ce qui caractérise la machine vivante, *ce n'est pas la nature* de ces propriétés physico-chymiques, si complexes qu'elles soient, mais bien la création de cette machine qui se développe sous nos yeux dans les conditions qui lui sont propres et d'après une idée définie qui exprime la nature de l'être vivant, et l'essence même de la vie.

« Quand un poulet se développe dans un œuf, ce n'est point la formation du corps animal, en tant que groupement d'éléments chimiques, qui caractérise essentiellement la force vitale. Ce groupement ne se fait que par des lois qui régissent les propriétés physico-chimiques de la matière ; mais, ce qui est essentiellement du domaine de la vie et ce qui n'appartient ni à la chimie, ni à la physique, ni à rien autre chose c'est l'*idée* directrice de cette évolution vitale. Dans tout germe vivant, il y a *une idée créatrice* qui se développe et se manifeste par l'organisation. Pendant toute sa durée, l'être vivant reste sous l'influence de cette même force vitale créatrice, et la mort arrive lorsqu'elle ne peut plus se réaliser. Ici, comme partout, tout dérive de l'idée qui, elle seule, crée et dirige; les moyens de manifestation physico-chimiques sont communs à tous les phénomènes de la nature et restent confondus pêle-mêle, comme les caractères de l'alphebet dans une boite où une force va les chercher pour exprimer les pensées ou les mécanismes les plus divers. » (p. 160-161.)

On croirait entendre un thomiste ou un péripatéticien nous parlant de la matière première commune à tous, qui revêt une forme dans chaque être, mais qui, chez tous, garde ses propriétés matérielles pour produire tous les phénomènes.

Ainsi, la matière n'est pas indiquée comme ayant un principe d'être propre, mais dans l'être, elle est *accolée, parallèle* (ce sont les expressions des passages précédents) au principe de vie ou Forme de l'être, et elle a sa vie propre par ses propriétés physico-chimiques. Déterminer le rôle de ces propriétés, des conditions physico-chimiques des phénomènes, est l'œuvre vraiment scientifiques de la science; car les élucubrations sur la force vitale ne peuvent être que du mysticisme; et ainsi le *déterminisme* est la formule de toute science.

Il est vrai que ces raisonnements ne sont pas d'une logique fort rigoureuse, je le concède; mais le thomisme n'y peut trouver à redire, ce sont les siens. L'auteur, ne faisant aucune distinction entre un instrument extrinsèque et un instrument intrinsèque, nous compare la vie à la création d'une machine qui ensuite fonctionne selon les propriétés de sa matière.

Cela est très-bien pour une machine dont la matière reste ce qu'elle était, dont on ne modifie pas l'être et les propriétés; et ainsi, la machine à vapeur marche selon les lois physiques des éléments matériels seuls qui la composent, sous l'*idée* créatrice qui donne une ordonnance à ces éléments. Mais dans les êtres vivants, la Forme est substantielle; elle change la substance de la matière qu'elle informe; elle ne fait pas seulement que de lui donner une ordonnance, elle lui engendre des propriétés, en transformant son être; elle lui donne cette forme et ces propriétés en raison de ses aptitudes, mais aussi en la vitalisant, et ainsi elle modifie son être et ses propriétés.

Notre auteur, qui accepte l'idée créatrice, nous dit que le groupement des éléments ne dépend pas de cette idée, ni leur organisation; cependant ces groupements ne se font pas non plus que l'organisation sans la vie. La matière y intervient par ses aptitudes à être ainsi composée et organisée, c'est bien certain; on ne peut recevoir une modification sans être apte à la recevoir. Mais il faut que cette matière soit modifiée pour devenir substance organique, et elle ne peut être modifiée sans le principe qui l'informe; c'est donc à ce principe et à ses aptitudes propres qu'elle doit cette modification et tout ce qui en découle.

Il est vrai que M. Cl. Bernard peut nous dire qu'il demeure cependant dans les principes du thomisme, lequel accepte que la matière perd son être ou sa forme propre sous la forme qui s'en empare, mais garde ses propriétés, et que c'est de ces propriétés seulement qu'il s'occupe; mais s'il se croit d'accord avec le thomisme, il ne saurait l'être avec la vérité.

Si les éléments matériels avaient perdu leur être et gardé leurs propriétés naturelles comme le veut le thomisme, les phénomènes qui sont le jeu de ces propriétés seraient les mêmes dans les corps vivants et dans les corps bruts; les mêmes lois physiques et chimiques leur seraient applicables; nous serions obligés de donner raison à M. Cl. Bernard, et de tomber avec lui dans son matérialisme manichéen. Mais leur être a été modifié, et, par cela même, leurs propriétés; de sorte que nous avons des phénomènes qui rappellent bien de loin ceux de la physique et de la chimie des corps bruts, mais qui s'en distinguent parce qu'ils sont dans une modalité d'être nouvelle; et, pour ces phénomènes du corps organisé, il faut trouver d'autres lois que celles qui règlent les phénomènes des corps inorganiques.

D'ailleurs, les faits sont là, et tout en invoquant le thomisme, cette science moderne est primée par la chimie. Si vous expliquez qu'un peu de soufre, ôté à cette albumine la peut convertir en amidon, ou qu'un peu de phosphore ajouté en fera de la fibrine, le thomisme ne saurait vous comprendre; pour lui, dans ces êtres que vous touchez, que vous maniez, que vous changez de place, il ne voit que des propriétés qui changent de maître informant; il ne vous comprend pas, il ne saurait vous comprendre. Pour nous, au contraire, qui acceptons avec vous la même chimie, nous vous déclarons qu'elle condamne votre physiologie, et nous vous rappelons à des soucis que vous oubliez. Nous vous disons que si vous n'aviez cette matière organique vivante, ces transmutations que vous constatez ne s'accompliraient point; que, par exemple, votre albumine passe à l'état de fibrine avec un peu de phosphore, il est vrai, mais sous l'étreinte de la vie, et que cela, comme beaucoup d'autres choses, ne se fait pas en dehors de la vie. Nous ne nions donc point vos substances matérielles, mais nous constatons qu'elles sont sous un mode nouveau, et que, sous ce mode nouveau, elle s'unissent ou se détruisent par des propriétés qu'elles n'auraient point sans cette modalité nouvelle de leur être. Le principe de vie ne fait pas seulement le changement de forme de la matière; il modifie son être, et, en le modifiant il en modifie les propriétés. Et alors, nous vous faisons cette grande, cette formidable affirmation : tout ce que vous nous montrez nous interprète les conditions matérielles des actions qui se passent, mais ces actions sont réglées par des actes que vous omettez d'expliquer, et ce sont précisément ces actes qui sont la vie et expliquent vos actions.

Vous nous montrez, par exemple, que des matières albuminoïdes venant de la digestion s'accumulent dans le foie, qu'elles s'y transforment en matière glycogénique, laquelle se transforme en sucre dans le sang et s'y brûle. Tout cela est démontré expérimentalement; ce sont des faits; rien de mieux. Cependant, ces faits ne sont que des actions partielles qui expliquent, qui interprètent des mécanismes de phénomènes, mais à la condition expresse que l'acte vital les fasse produire; car elles ne se produiraient pas sans la vie. Votre *déterminisme* ne détermine donc pas l'acte de l'être, il ne détermine que des conditions matérielles d'action. Si votre prétention allait plus loin, vous ressembleriez, par analogie, à un homme qui, expliquant comment le canif *coupe* la plume parce qu'il est coupant, s'imaginerait expliquer ainsi comment le canif *taille* la plume.

Monsieur l'auteur du *Déterminisme*, au livre que je citais plus haut, revient dans un grand nombre de passage sur l'impatience que lui causent les médecins, qui d'ordinaire, notent dans leurs enseignements que tel fait se passe le plus communément de telle manière, d'autres fois de telle autre manière. Cela le scandalise et l'impatiente tellement, il l'exprime de telle façón, qu'il en devient fort réjouissant. C'est, dit-il, que la médecine n'est pas expérimentale ; il ne peut comprendre que l'action varie selon la modalité vitale qui la règle, parce qu'il ne saurait voir que la matière est seulement condition d'action.

Pour des actions matérielles, les lois sont précises comme les êtres et les qualités matérielles ; mais, du moment que la matière passe dans son être et dans ses propriétés sous la puissance de vie, les phénomènes suivent les lois variables de la vitalité.

Certainement l'albuminose se change en matière glycogène dans le foie, en perdant de son soufre qu'elle cède à d'autres substances ; voilà l'action commune. Mais cette action se peut modifier à l'infini selon l'état de l'être, selon les actes qu'il détermine ; il se fera un peu plus de sucre chez l'un, un peu moins chez l'autre, il ne s'en fera pas du tout chez un troisième, où il se fera tout autre chose chez un autre, et cela selon l'état de la personne, selon les actes de cette personne. Un peu de fer augmente l'hématine du sang: mais, chez cette jeune fille, vous aurez beau donner du fer, le sang n'en prendra pas, et perdra même une partie de celui qu'il possède. Pourquoi l'action n'est-elle pas la même, bien que les éléments physico-chimiques en présence soient les mêmes? Parce que les actes de la personne modifient les actions qui se font sans doute en raison des éléments physico-chimiques, mais aussi selon que ces éléments sont menés dans leurs actions par les actes qui les ordonnent. Le canif aussi coupe parce qu'il est coupant; mais, dans les mains d'un homme adroit, il taille la plume, dans les mains d'un maladroit il ne fait que la massacrer et peut-être aussi couper les doigts.

Il faut donc tenir un très-grand compte de l'un et de l'autre des deux éléments de toute vitalité, de ce qui fait l'acte et de ce qui fait l'action. Par cela seul que vous êtes hommes, vous avez la faculté de penser, mais si le cerveau est malade vous ne penserez pas; vous ne penserez qu'en raison de votre instrument, lequel ne peut opérer que selon le mode instrumental où l'âme le met. Votre bras n'est organisé et ne peut agir que parce que vous avez la faculté d'agir qui préside à sa vitalité; mais votre faculté d'agir n'opérera que par lui et selon qu'il vous le permettra. Il semble que rien n'est plus simple, ni plus élémentaire que cette double vérité; et cependant on se fait un jeu de la méconnaître, en niant tantôt l'instrument, tantôt le principe, ou on les isolant pour imaginer qu'ils iront chacun séparément à leur destinée. En philosophie, en physiologie, un peu partout, même en politique, on ne sait quoi imaginer pour voir obscurément ce qui se présente si naturellement et si lucidement. Tenons-nous-en au principe si simple posé par saint Thomas: *in omnibus asserendis sequi debemus naturam rerum, præter ea quæ auctoritate divina traduntur, quæ sunt supra naturam.* Mais alors demeurons vraiment et purement thomistes en gardant strictement la doctrine fondamentale de saint Thomas, laquelle est la dualité de l'être dans l'unité par le principe d'être qui informe vraiment la matière; et rejetons ce que lui-même renierait, ce restant de science péripatéticienne dont il était bien obligé de se servir puisqu'il n'en avait pas d'autres, et que nous reconnaissons répugner à une science plus complète, en même temps qu'elle autorise une nouvelle forme du manichéisme, cet ennemi incessant de la vérité, que le grand Docteur n'a cessé de combattre et que nous devons réprouver avec la même ardeur et le même zèle.

CHAPITRE XIX

Comment le cartésianisme a substitué l'idée de propriété à l'idée de qualité sans achever son évolution scientifique, et en demeurant dans le panthéisme.

Nous touchons au fond de la question qui nous occupe, il faut le voir clairement si nous voulons comprendre pourquoi le péripatétisme à été culbuté par le mouvement des sciences modernes, et pourquoi celui-ci ne contient pas encore toute la vérité.

Pour nous, à notre temps, avec l'éducation que nous avons reçue, le mot qualité exprime une propriété d'une chose ou d'un être, ou un degré plus ou moins prononcé de cette propriété. Ainsi, un corps a la qualité ou propriété électrique. : qualité ou propriété sont dans ce cas synonymes; ou bien le mot qualité exprime un degré de quantité ou de perfection de la propriété électrique. Quelquefois encore nous employons bien le mot qualité, comme désignation d'une propriété accidentelle; et ainsi un corps peut être chaud parce qu'il a été chauffé; mais nous entendons plutôt encore en cela la propriété de pouvoir être chauffé et de conserver la chaleur; et la qualité de la chaleur acquise ou produite est pour nous le phénomène d'une propriété. Quand une qualité, comme la blancheur, ou la couleur, est donnée à un objet, nous reconnaissons que cette qualité lui est apportée avec une matière dont elle est propriété. Enfin, dans le cas même de mouvement communiqué, où il paraît que le phénomène passe d'un objet à un autre sans la matière du phénomène, nous expliquons que le mobile ne participe au mouvement ou ne le reçoit que parce qu'il est muable, et qu'ainsi c'est l'impulsion qui développe en lui une propriété d'action analogue à celle qui la met en jeu. En un mot, tout phénomène est scientifiquement le fait d'une propriété de l'objet qui exécute le phénomène.

La conception de la qualité était tout autre sous la doctrine du péripatétisme. Aristote, en concevant la matière comme support de tout phénomène, ne lui attribuait pas cependant d'avoir l'être, et la considérait comme incessamment sous la puissance d'une des formes qu'elle contient, l'une émergeant quand l'autre y émerge, et *vice versa;* de sorte que toute activité phénoménale était le fait de la forme en acte, ou plutôt des puissances de cette forme, *virtutes*. Quand, suivant cette conception, une forme supérieure remplace une inférieure, comme la supérieure contient l'inférieure en vertu de l'adage que : qui peut le plus peut le moins, la forme supérieure émergente s'emparait des qualités de la forme inférieure immergente, et retenait ces qualités pour son propre compte ; de là l'expression de saint Thomas que nous avons citée plus haut : *manent qua-*

litates, licet remissæ, ut virtutes formarum elementorum. Ainsi, les qualités d'un être étaient considérées comme dépendantes de la forme informante, et quelques-unes plus proprement matérielles comme dépendantes des vertus des formes élémentaires.

Il semblerait que les qualités dussent être dès lors appropriées comme des propriétés du principe informant. Mais Aristote, quoique voulant échapper à son maître Platon, était profondément touché de l'opinion de ce maître sur ce qu'on a nommé les *universaux.* Platon en effet, avait expressément remarqué que tout ce qui est bon participe à un principe commun de bonté, que tout ce qui est blanc est blanc par participation à un principe de blancheur, et qu'ainsi les qualités d'un être sont le résultat de la participation de cet être aux principes qualificatifs; de sorte qu'en définitive, la qualité de l'être n'est point une puissance de l'être, mais une puissance adjointe à l'être. Aristote ne vit aucun inconvénient à cette théorie et la fit entrer dans le péripatétisme. Après lui, et selon lui, tous les péripatéticiens acceptèrent donc que la qualité est un être adjoint à la substance pour la compléter; c'est ce qu'exprime Suarez qui les résume tous, après avoir très-longuement raisonné sur la qualité univoque ou équivoque, action ou passion, forme ou figure: *Qualitas ergo esse videtur accidens quoddam absolutum, adjunctum substantiæ creatæ ad complementum perfectionis ejus, tam in existentia quam in agenda.* (Métaphys. Disp. XI, II, 5, 1, a. 5.)

Cette théorie, acceptée par saint Thomas et les thomistes, avait été vigoureusement battue en brèche par Scott et les scottistes. On lui reprochait d'accepter dans l'être une matière qui n'a pas de principe propre et qui, cependant, doit en avoir un si elle a l'être; on lui reprochait d'accepter une Forme substantielle qui donne l'être sans donner l'action, et d'être, par conséquent, un être non réalisé, et non réalisable par lui même; on lui reprochait enfin d'expliquer les actes de l'être par un principe qualificatif qui n'est pas de l'être, et qui fait ainsi des actes qui ne sont pas de l'être. On ajoutait de plus que, théologiquement, et l'objection était d'une extrême gravité, on ne pouvait séparer les attributs de Dieu de l'être divin, à moins d'admettre plusieurs êtres en Dieu, un être d'être et un grand nombre d'êtres qualitatifs de l'être; erreur absolument payenne que Moïse Ben-Maïmoun avait en vain tenté de rendre rationelle dans *Le guide des égarés*, erreur qui pouvait, d'ailleurs, avoir des conséquences fort graves, comme elle en eut en effet plus tard dans le jansénisme. Scott et les scottistes attribuaient donc un principe d'être propre à la matière et voulaient considérer les qualités comme des puissances du principe d'être auxquelles on les doit rapporter, qualités matérielles, dépendant du principe d'être matériel, et qualités spirituelles, dépendant du principe d'être spirituel. Les thomistes admirent qu'en Dieu les attributs sont de l'être, mais que, pour les êtres créés, elles sont adjointes au principe substantiel; ce qui était modifier le péripatétisme pour le rendre moins payen.

La dissension se traîna jusqu'à l'avènement des

sciences modernes qui demandaient vainement à la philosophie de leur expliquer l'être réel de la matière ; car, d'admettre que la matière ne peut avoir d'être propre, et par cela même de principe d'être, tout ce qu'elles voyaient y répugnait profondément.

C'est alors que le cartésianisme posa la célèbre formule : *Je pense, donc je suis ;* d'où on tirait que l'acte est de l'être, que le mouvement de la matière est l'acte de la matière, et que si la matière n'a pas d'activité par elle même, elle reçoit une impulsion et son être accomplit le phénomène. Descartes en tira donc ce principe secondaire qu'il ne faut considérer dans la nature que la matière et le mouvement, Dieu ayant donné une impulsion première qui suffit à expliquer le début du mouvement.

Il est manifeste, pour quiconque veut suivre attentivement ces divers courants d'idées, que le péripatétisme pur était inacceptable, que les thomistes avaient raison de le modifier, mais que, même modifié, il répugnait à une science qui accentuait l'être matériel et se croyait contrainte d'accepter que les qualités matérielles sont des propriétés de la matière. D'ailleurs, il y avait quelque chose de répugnant pour la raison à accepter un principe d'être qui n'a pas d'acte, et n'est que l'impulsion de puissances qui lui sont adjointes ; c'était, en outre, contradictoire avec l'idée de Forme substantielle qui implique un mode d'être donné par le principe formel.

Les sciences modernes étaient donc dans le vrai en donnant l'idée de propriété à ce que le péripatétisme acceptait sous le nom de qualités séparables.

Du même coup elles faisaient de l'être quelque chose de réellement subsistant dans une activité réelle et efficace; et elles résolvaient la question des universaux qui avait donné lieu à tant de débats. Sur cette question en effet elles déclaraient que la qualité n'est pas un principe subsistant en lui-même, mais un attribut commun; que la blancheur est un même mode dans des puissances appartenant à des êtres différents, comme le mouvement est une manière d'activité qui se retrouve dans tout ce qui est matériel; que la raison conçoit, il est vrai, une entité de couleur, ou de mouvement, ou de figure, mais que c'est une entité de raison, non un être réel distinct et séparable des choses elles-mêmes; que plusieurs choses peuvent être blanches, comme plusieurs êtres peuvent respirer, comme plusieurs autres peuvent être un ou multiples par similitude.

Les sciences modernes, donnant ainsi raison au scottisme contre le thomisme, se rendaient à la réalité des choses; et, avec elles, disparaissaient ces fantasmagories de l'être sans être, du principe d'être sans réalité active d'être, et des qualités voltigeant d'un être à un autre pour faire leurs opérations sans avoir elles-mêmes d'être réel; et, en même temps aussi, disparait cette autre fantasmagorie d'une matière sans être contenant des principes d'être qui émergent ou immergent comme polichinelle dans sa cabine.

Mais si les sciences modernes et le cartésianisme nettoyaient pour ainsi dire le terrain scientifique il faut bien avouer cependant que tout ce qui pouvait être fait n'était point accompli.

L'être matériel se trouvait sans doute très-nettement dégagé, et on lui rendait légitimement ses attributs comme sa véritable propriété. En établissant comme point de départ du problème scientifique la matière et le mouvement, on était dans la vérité des choses; car on était dans la réalité exacte en disant : le mouvement de qui? de la matière! les qualités sont toujours la propriété de quelqu'un ou de quelque chose.

Mais on ne voyait pas, et c'était là où la doctrine choppait, qu'on n'avait pas seulement devant soi l'être matériel, mais des corps matériels constituant des êtres différents; on ne voyait pas, et on n'a pas vu que le problème scientifique ne comprend pas seulement deux termes; la matière et le mouvement, qu'il en implique forcément un troisième, l'être particulier, dans lequel se présente la matière et le mouvement. Ou bien il faut admettre que tous les corps matériels ne sont que des modalités quantitatives d'un même être; et que tous les mouvements ne sont que des modalités d'un même principe de mouvement.

Descartes avait certainement fait faire un pas considérable à la question; il avait nettement séparé la matière et le principe du mouvement, bien plus puissamment que ne l'avait fait Aristote pour qui ce principe ne consistait que dans des formes tantôt en acte, tantôt en puissance détenues par la matière. Pour Descartes, le principe du mouvement est nettement distinct de la matière; on comprend en l'entendant qu'il vient après saint Thomas et les philosophes chrétiens.

Mais, après avoir fait ce premier pas, il revenait ensuite sur lui-même, en déclarant que la matière consiste dans l'étendue, qu'il y a, par conséquent, unité de matière pour tous les corps matériels où elle se trouve en plus ou en moins, et que c'est de cette quantité que dérivent toutes les variabilités de mouvement.

Il est bien manifeste qu'avec une semblable conception, la matière n'a pas d'être par elle-même autre que l'étendue, et que, dès lors, tous les êtres matériels ne sont distincts dans leur être particulier que par la quantité et l'arrangement de la matière qui s'y trouve. Dès lors, il n'y a plus maintenant dans le monde que deux êtres, la matière qui n'a pas d'être, et le mouvement qui n'a pas d'être déterminé ; car, toutes les modalités d'être où il se trouve dépendent de l'arrangement des particules matérielles.

Descartes ne faisait ainsi que renverser les termes du péripatétisme. Dans Aristote, quoique la matière n'ait pas d'être, c'est elle qui détient l'être, et les formes ne sont que les raisons des modalités matérielles. Dans Descartes, la matière n'a pas d'être, et cependant elle est; mais, recevant le mouvement d'un principe particulier, c'est en elle-même qu'elle trouve les raisons de toutes les modalités d'être sous lesquelles on la perçoit.

Notre grand philosophe est donc tout aussi panthéiste qu'Aristote ; il a conçu un être général, mais il n'a pas conçu les êtres particuliers. Lui, qui voulait si bien séparer les sciences de la théologie, il n'a fait cette séparation que pour unir sa science à une théologie payenne qui faisait de l'être premier un être général, et considérait tous les êtres particuliers comme des simples modalités de l'être général conçu.

Il était incontestablement très-juste de dire que la science est l'étude de la matière et du mouvement; mais il fallait ajouter immédiatement : selon l'être où on les observe; et, dès lors, l'idée nécessaire de l'être rentrait dans la science, et changeait immédiatement toutes les perspectives. Il est bien certain que nous ne connaissons rien sans la phénoménalité, et toute science part d'un phénomène qui comporte de la matière et du mouvement; mais ce phénomène est phénomène de quelqu'un ou de quelque chose, et ne peut, dès lors, être connu qu'autant qu'il est fonction de quelqu'un ou de quelque chose.

Cela nous transporte de suite sur un autre terrain; car, admettons qu'il y ait unité de matière, ce que nous ne savons pas, mais ce qui après tout pourrait être, cette matière a son être. Cela posé, cet être suffit-il à expliquer tous les êtres? Dieu en a-t-il créé un seul ou plusieurs, et pouvons-nous accepter que tous les êtres soient des modalités d'un même être? L'étude très-naturelle de la constitution des êtres, distincts les uns des autres, s'impose à nous comme une nécessité légitime; la science grandit de toute l'étude des types qui s'offre à nous d'une manière irrécusable; et le genre, l'espèce et l'individualité se présentent comme des objectifs scientifiques que la raison scientifique est contrainte d'aborder.

Au lieu de cela, le cartésianisme, après nous avoir fait faire un pas en avant pour étudier très-légitimement la matière et le mécanisme du phénomène, nous transporte à vingt siècles en arrière où l'être n'était pas connu. C'est même reculer plus loin qu'Aristote qui au moins aspirait à l'être, et c'est supprimer comme un néant tout le travail des philosophes chrétiens si bien personnifiés dans saint Thomas, qui pouvait se tromper sur l'être matériel, mais qui avait fixé avec tant de puissances l'entité des êtres.

Ce qu'il y a de singulier dans la conception de Descartes, et il est non moins singulier qu'il ne s'en soit pas aperçu, c'est que l'être de la matière est tout à la fois nié et affirmé. Il est nié puisqu'on le fait consister dans *l'étendue*, et que l'étendue n'est qu'un attribut; c'est l'étendue de quelqu'un ou de quelque chose; on ne peut dire l'étendue de l'étendue; et, en soi, ce n'est qu'une propriété qui ne peut engendrer les autres, parce que le poids par exemple, n'est pas attribut de l'étendue. D'un autre côté, en substituant les *propriétés* de la *matière* aux *qualités matérielles*, Descartes affirmait l'être de la matière parce qu'on ne peut avoir de propriétés sans exister. Il y avait ainsi dans la conception un double point de vue: l'un métaphysique, qui n'avait pas le sens commun; l'autre pratique, qui devenait une base aux sciences nouvelles, leur attestant l'être matériel dans ses propriétés. Mais, en fin de compte, le philosophe ne faisait que du péripatétisme, car ses propriétés matérielles sans l'être ressemblaient singulièrement aux qualités matérielles sur lesquelles les thomistes faisaient tout reposer. Aussi, Descartes, en ayant l'air d'affirmer l'être de la matière, en cachait l'étude, et cachait par là même l'étude de tout être.

C'est bien ce que toutes les sciences modernes ont suivi. On a étudié les phénomènes communs de la matière, et quand on a voulu les adopter à l'être vivant on n'y est jamais parvenu. Tout ce que Descartes a écrit sur la physiologie est grotesque, et ses disciples n'ont guère mieux réussi. Et, le plus joli de tout, c'est qu'après avoir étudié les phénomènes communs des corps, lorsqu'il s'est agi de reconnaître la variabilité de ces phénomènes selon chaque être matériel, on ne s'y est plus reconnu. Ainsi, la lumière, la chaleur, l'électricité ont bien des lois communes phénoménalisatrices, mais pourquoi la lumière de l'oxygène n'est-elle pas celle de l'hydrogène, ou du magnésium, ou du cuivre, ou du bore? Pourquoi la chaleur du charbon n'est-elle pas celle de l'hydrogène, et d'autres corps? et ainsi de tout. C'est que chaque être intervient dans la production du phénomène, et que le phénomène n'est vraiment connu qu'après que les lois générales ont été spécifiées pour chaque type d'être. On pourrait dire dans la vérité des choses que la conception cartésienne a été un trompe-l'œil, et même une tromperie philosophique.

On ne peut s'étonner après cela du mal que nous a fait le cartésianisme, de ses conséquences terribles, non-seulement au point de vue de la méthaphysique qu'il a en réalité supprimée, mais encore au point de vue des sciences naturelles qu'il arrête dans leurs développements en niant l'étude de l'être, et en faisant consister toute science dans l'examen du mécanisme des phénomènes, pour ensuite entraver cet examen. Remarquons, en effet, qu'en supprimant l'étude de l'être, il supprime l'examen des modifications que l'être matériel et le mouvement doivent recevoir quand ils passent en puissance d'un autre être; de sorte que toute sa science est purement physique et chimique, et récuse les sciences physiologiques et morales.

Et voilà où Descartes en est arrivé, pour avoir trop conservé du péripatétisme que ses maîtres les thomistes lui avaient inculqué.

CHAPITRE XX

L'erreur de Leibnitz et son origine. — La matière et l'esprit. — L'être selon son essence et sa fonction.

Il nous faut examiner encore une autre voie d'erreur où un grand philosophe a pu s'engager sous l'influence de ce même péripatétisme, cause de tant de désastres pour la raison.

Certes, il faut saluer Leibnitz comme le philosophe restaurateur de l'esprit au XVIIe siècle. Encore qu'il se soit singulièrement trompé, son œuvre a été grande, et son influence surtout a été considérable. Descartes avait exilé l'esprit de la science, il avait entraîné toutes les intelligences à ne plus rien expliquer dans ce monde que par de la matière et du mouvement, et il n'avait trouvé digne de l'esprit que la pensée humaine; l'homme seul détenait encore un peu d'esprit, tout le reste était matière ou plutôt *propriétés matérielles*. Leibnitz comprit qu'à ce point de vue il n'y avait plus d'êtres, et il releva l'esprit comme le principe de l'être. C'est là son grand, son immortel travail. Pour cela seul, et il faut malheureusement reconnaître que le reste est peu de chose, pour cela seul il a pris rang parmi les premiers des penseurs, et il l'a mérité.

Leibnitz, voyant que le cartésianisme supprimait l'être, et que toute science allait être ainsi réduite à être purement phénoménaliste, se sentit porté par un mouvement de réaction. On ne voyait que le phénomène, il voulut voir l'être; on ne trouvait partout que la matière, il voulut trouver l'esprit. Malheureusement son mouvement fut si prononcé qu'il alla aux extrêmes; et, dépassant le but, il aboutit à une conception où l'esprit est tout, et où la matière n'est plus rien.

Il est aisé de suivre sa pensée en prenant à rebours l'exposition qu'il en a donnée; en renversant la synthèse, on en a l'analyse. L'être est une *monade*, un point mathématique sans profondeur, sans étendue: c'est l'activité de cette monade qui fait l'action, le mouvement, dans son type, dans ses modes, en se produisant dans l'étendue; car l'être n'est pas tangible, n'est pas sensible, c'est une conception de notre intelligence, c'est par cela même un esprit. Dès lors, la matière n'est que l'étendue sans être propre, sans détermination, une *atypie,* comme il le dit, que l'être vient animer et rendre actuelle en l'occupant. Ou autrement, la matière n'est que l'étendue, comme le dit Descartes, car le point de départ est le même: donc, la matière n'est rien en soi, tout mode d'activité étant un résultat de l'être, c'est ce qui est l'être qui fait l'activité de la matière; et, comme ce qui fait l'être n'est pas de la matière, mais de l'esprit, tout être est esprit en principe, et la matière n'en est que le lieu d'action. Faites mouvoir la monade qui n'est qu'un point mathématique: en allant d'un endroit à un autre, elle occupe l'étendue, la remplit, la montre active, de sorte que c'est l'étendue qui montre l'activité de l'être, qui la traduit.

Mais le beau résultat de cette conception, c'est que la matière n'est rien, que l'être personnifié dans l'esprit est tout, et que, dans tout mouvement, c'est l'être ou l'esprit qu'il faut invoquer, et jamais la matière. Vous vous croyez un corps et une âme unis ensemble: étrange erreur, car l'esprit est tout, le corps n'est rien, et vous n'êtes qu'un esprit qui a pris une étendue sans réalité positive pour traduire son être, qui *fait* réellement l'étendue en l'occupant. Votre corps n'est rien, vous n'êtes qu'une âme substantiellement vraie avec une apparence corporelle.

Leibnitz n'a d'ailleurs rien inventé dans cette conception; il n'a fait que suivre le péripatétisme thomiste dans lequel il a été élevé par son maître Thomasius. Cette matière, qui est *atypique*, sans détermination et sans être, et que viennent posséder toutes les monades, c'est la matière des péripatéticiens. Il n'y a que cette seule différence, c'est que, dans le péripatétisme pur, les formes sont en puissance dans la matière, et comme des modalités d'un même être; tandis que, dans Leibnitz, les *monades* sont des êtres véritables, des esprits distincts et réels dans leur entité, selon leurs types. On voit que Leibnitz a compris le sens thomiste qui donnait aux formes admises par Aristote une réalité entitative. Ce qu'il édicte est donc du péripatétisme mitigé selon le sens de saint Thomas qui avait tenté de christianiser le philosophe païen. Remplacez les *monades* par des *Formes*, et vous faites de Leibnitz un pur thomiste.

Du reste, la tendance y était si bien, et il est si vrai qu'on verse du côté où on penche, que Leibnitz en vint à le reconnaître presque entièrement, et à déclarer qu'il fallait revenir aux Formes substantielles de saint Thomas. Cet aveu qui montre le fond du fond est assez piquant, en même temps que tout à fait lumineux. Il envoie à Arnaud, un *Discours de métaphysique* où il écrit : « Je sais que j'avance un grand paradoxe en prétendant de réhabiliter en quelque façon l'ancienne philosophie et de rappeler *post liminio* les Formes substantielles, presque bannies ; mais peut-être qu'on ne me condamnera pas légèrement, quand on saura que j'ai assez médité sur la philosophie moderne, que j'ai donné bien du temps aux expériences de physique et aux démonstrations de géométrie, et que j'ai été longtemps persuadé de la vanité de ces êtres que j'ai été enfin obligé de reprendre malgré moi et comme par force, après avoir fait moi-même des recherches qui m'ont fait reconnaître que nos modernes ne rendent pas assez justice à saint Thomas et à d'autres grands hommes de ce temps-là, et qu'il y a dans les sentiments des philosophes et des théologiens scolastiques bien plus de solidité qu'on ne s'imagine, pourvu qu'on s'en serve à propos et en son lieu. » (Voir *Nouvelles lettres et opuscules inédits de Leibnitz*, par Foucher de Careil, Paris, 1857, p. 341.)

Il revenait donc ainsi à sa ligne vraie, dont il

s'était d'ailleurs écarté plutôt par les mots que par le fond. Il avait un peu fait l'école buissonnière, et revenait au bercail. D'ailleurs, il avait le cartésianisme, et Descartes en particulier, en si grande horreur, qu'il sentait plus finement que tout autre le vrai défaut de l'ennemi, et il avait le sentiment très-juste qu'on n'en triompherait que par un retour à la doctrine des Formes substantielles. Enfin, il est remarquable que ce sentiment d'aversion qu'il avait pour Descartes, le porta jusqu'à la lumière qui lui fit voir le vrai nœud de la question : à la suite du passage que je viens de transcrire, il comprend et fait sentir que c'est l'être matériel qu'il faut reprendre pour sortir des difficultés: « Je crois que celui qui méditera sur la nature de la substance que j'ai expliqué ci-dessus, trouvera que toute la nature du corps ne consiste pas seulement dans l'étendue, c'est-à-dire dans la grandeur, figure et mouvement, mais qu'il faut nécessairement y reconnaître quelque chose qui aie du rappport aux âmes, et qu'on appelle communément Formes substantielles, bien qu'elle ne change rien dans les phénomènes, non plus que l'âme des bêtes, s'ils en ont. » *(ibid.)* Sa pensée n'a pas, il est vrai, toute la clarté désirable, et on voit qu'elle ne se suit pas; car, après avoir spécifié que la *nature du corps* ne consiste pas seulement dans l'étendue, il parle des Formes substantielles qui se rapportent à la matière informée. Il a plutôt entrevu la vérité qu'il ne l'a vue.

La matière est-elle quelque chose de réel? un être vrai entitativement? ou n'est-elle rien que l'étendue, comme Leibnitz l'avait cru d'abord avec les thomistes?

Si elle n'est que l'étendue, toute activité qui s'y trouve vient des puissances qui la détiennent et l'occupent; que ces puissances soient des Formes ou des monades, il importe peu : ce sont des êtres d'une autre nature que la matière, c'est-à-dire des esprits; et, dès lors, la matière n'est rien en ce monde qu'une place pour les esprits qui l'occupent.

C'est bien ce qu'avait dit Leibnitz en s'inspirant du thomisme et le poussant à ses conséquences naturelles, dans sa *Monadologie*: « Il y a un monde de créatures, d'animaux, d'entéléchies, dans la moindre partie de la matière. — Chaque portion de la matière peut être comme un jardin plein de plantes, et comme un étang plein de poissons. Mais chaque rameau de la plante, chaque membre de l'animal, chaque goutte de ses humeurs est encore un tel jardin ou un tel étang. — Et, quoique la terre et l'air interceptés entre les plantes du jardin, ou l'eau interceptée entre les poissons de l'étang, ne soit point plante ni poisson, ils en contiennent pourtant encore, mais le plus souvent d'une subtilité à nous imperceptible. — Ainsi, il n'y a rien d'inculte, de stérile, de mort dans l'univers, point de chaos, point de confusion qu'en apparence. — On voit par là que chaque corps vivant à une entéléchie dominante, mais les membres de ce corps vivant sont pleins d'autres vivants, plantes, animaux dont chacun à son entéléchie. » (*Monadologie,* §§ 66, 67, 68, 69, 70.)

Nous arrivons ainsi à ne plus voir dans le monde qu'une multiplicité infinie de monades ou esprits particuliers qui remplissent l'étendue, et la matière n'est plus rien que cette étendue pleine d'autre chose que d'elle-même. La matière est supprimée, et il n'y a plus à s'en occuper.

C'est une manière commode de supprimer un élément de la question de ce monde, mais en vérité ce n'est pas résoudre la question.

Le grand tort de Leibnitz, son erreur capitale, c'est d'avoir suivi l'exemple de Descartes, et des thomistes, et des péripatéticiens, comme de bien d'autres penseurs qui ont voulu résoudre la question de l'être par son essence qui est inabordable, au lieu de la résoudre par la fonction qui est le seul point de vue humain. Le christianisme nous a enseigné que nous ne saurions l'essence de rien, ni de Dieu, ni de ses œuvres, que nous ne devions juger des choses que par leurs effets, l'arbre par ses fruits, la puissance par ses phénomènes, l'être par sa fonction. Ce point culminant de la philosophie chrétienne est sans cesse oublié ou méconnu, malgré la parole du divin Maître. Il faut pourtant bien y revenir.

La matière et l'esprit sont deux choses positives, réellement présentes en nous et autour de nous; le nier serait folie. Que sont-elles? nous aurons beau nous creuser l'esprit pour en concevoir l'essence, nous n'y parviendrons jamais. Comment donc alors les connaître et les juger, si ce n'est par leurs fonctions ?

Nous ne découvrons dans la nature que deux ordres de fonctions : des fonctions d'être ou des fonctions de puissance. La puissance est le producteur du phénomène. L'être est le producteur de la puissance ou propriété qui fait le phénomène. Cherchons partout, nous ne trouvons rien d'autre dans tout ce qui est soumis à notre investigation et à notre appréciation dans l'univers. A toutes fois que nous constatons une phénoménalisation, nous constatons une fonction de puissance ou de propriété d'être, et, par cela même, sous la puissance, une fonction d'être. Toute la difficulté consiste donc à distinguer l'être par les propriétés qui lui sont attribuées, et à bien distinguer ce qui est l'attribut de l'un et l'attribut de l'autre.

Cela étant posé, est-il possible d'attribuer à la matière les puissances de l'esprit, et d'attribuer à l'esprit les propriétés de la matière? Si la réduction de l'un à l'autre n'est point possible, les deux catégories d'être existent donc. Nous ne disons pas les deux êtres, mais les deux catégories d'être; car, si les attributs matériels ne sont pas attribuables à toute matière, c'est qu'il y a des êtres matériels différents; et si les attributs spirituels ne sont pas attribuables à tout esprit, c'est qu'il y a des êtres spirituels différents. Nous pouvons, en cas de certaines communautés, déclarer qu'il y a des attributs communs, et la spécialité des attributs nous contraint logiquement à déclarer la spécialité des êtres.

Les êtres matériels nous présentent des formes ou figures, une étendue ou volume, un poids, une tangibilité, un état, une mobilité de changements et de mouvements tangibles qui sont irréductibles à des fonctions spirituelles. D'un autre côté, nous trouvons des déterminations d'espèce, de modalité, d'ordonnance, de direction, de conceptions et d'actions qui ne sont pas attribuables à la matière. C'est donc que les deux catégories d'être existent, et la matière a un être tout aussi réel que l'esprit.

Mais les corps matériels sont différents les uns des autres, non par des attributs matériels spéciaux, mais par des modes selon lesquels les attributs communs sont déterminés. Chacun d'eux est distinct par une modalité d'état, ou de caloricité, ou d'électricité, ou de pesanteur, ou d'actions et de mouvements communs; il n'y en a pas un où on découvre un attribut purement matériel qui n'existerait pas chez les autres; et toutes ces modalités, ces arrangements, ces ordonnances d'attributs communs sous des types définis, sont évidemment fonctions spirituelles. Nous concevons donc un être matériel commun qui est en fonctions de propriétés sous toutes les phénoménalisations matérielles; mais, comme nous ne trouvons cet être commun nulle part à l'état pur, non déterminé, nous lui reconnaissons son être bien réel sous les formes spirituelles qui le déterminent. Le nier est impossible : cet être est manifesté par ses propriétés, car ces propriétés ne peuvent être fonctions de l'être spirituel qui le détient. D'un autre côté, c'est un être détenu, toujours détenu pour nous, et qui ne paraît avoir d'être qu'à la condition d'être possédé par un autre être. Mais de ce qu'il a pour condition expresse d'être ainsi possédé, nous ne pouvons lui récuser l'être. On nous demandera : qu'est-il? et nous répondrons que nous ne savons et ne pouvons rien savoir de son essence, mais qu'il est l'auteur des propriétés matérielles qui sont sa fonction; de même que si on nous demandait ce qu'est l'être spirituel, nous répondrions également que nous ne savons rien de son essence, et n'en pouvons rien savoir autre que ce qu'il nous manifeste être, comme auteur des puissances spirituelles qui expriment sa fonction.

L'être matériel et l'être spirituel sont donc deux êtres absolument distincts et vraiment subsistants; de sorte qu'on ne peut pas dire que l'un donne l'être à l'autre, que la matière donne l'être à l'esprit, ni que l'esprit donne l'être à la matière.

Mais, de ce qu'ils ne se donnent pas l'être, il ne s'en suit pas qu'ils ne puissent se donner réciproquement une modalité d'être; et, en effet, il nous est manifeste que la matière revêt une modalité d'être selon l'esprit qui l'anime, et que, d'un autre côté, l'esprit se manifeste différemment selon la matière qu'il détient. Il y a donc lieu d'établir naturellement que les êtres déterminés se distinguent entre eux selon l'esprit qui les anime et la modalité matérielle qui y entre.

Si, au lieu de suivre cette voie naturelle et rationnelle de ne juger des choses et êtres que par leurs fonctions, nous suivons une voie de synthèse qui pose pour point de départ une affirmation de l'essence des choses, nous aboutirons fatalement où ont abouti Aristote, et les thomistes, et Descartes, et Leibnitz et bien d'autres. Aristote établit que l'essence de l'esprit est d'être conçu par l'intelligence; or, tout être est conçu en tant qu'être par l'intelligence; par conséquent, tout être est esprit : cela va tout seul. Tout le monde a suivi ce syllogisme. Mais cela est-il juste ?

Remarquez que, dans cette belle conception, tout est esprit, au même titre générique d'être, et l'être de Dieu est assimilé à l'être de la matière. C'est d'un panthéisme révoltant. Nos penseurs auront beau dire que Dieu est pur esprit : c'est une manière de parler pour éviter ce panthéisme; mais en fait nous ne savons pas ce qu'est l'esprit, et nous ne pouvons nous servir de ce mot que pour déterminer ce qui n'est pas matériel, parce que notre intelligence conçoit en nous et dans les êtres un être analogue qui n'est pas matière. Il y a loin de cet esprit qui est Forme substantielle des substances élémentaires, à l'âme de l'homme; et il y a une distance encore infiniment plus grande, si grande qu'elle est vraiment infinie, entre l'esprit qui anime l'homme et ce qui est pur esprit. L'être de Dieu est au-dessus de tout être créé et en dehors de toute comparaison si ce n'est comme Créateur de la créature; nous n'employons le mot de pur esprit que parce que nous n'en avons pas d'autre; mais, en réalité, Dieu est au-dessus de tout ce que nous pouvons nommer esprit. Le grave tort dans ce sujet a donc été de se donner un mot comme si, par lui, nous pouvions connaître l'essence des choses. Il est vrai que nous concevons l'être de la matière et que nous concevons aussi l'être de Dieu; mais ce n'est pas une raison pour décider que l'être est esprit dans la matière comme en Dieu. Notre conception est en nous, nous rendant un fait vrai qui est l'être, l'être des corps ou de la matière, l'être des choses ou des êtres, l'être de la créature ou du Créateur; mais notre conception de nature spirituelle ne saurait, sans fausser la vérité des faits, prêter sa nature propre aux objectifs de ses concepts.

On peut certainement dire, on doit dire que tout a été fait selon l'esprit de Dieu et retrace l'esprit de son Créateur; mais on ne saurait dire que l'esprit du Créateur est dans le créé, comme l'esprit de l'être est dans ses puissances; nous sommes selon l'esprit de Dieu, nous ne sommes pas l'esprit de Dieu. De même, tout être est selon l'intelligence et selon l'esprit, sans être intelligence et esprit; et lorsque nous concevons l'être selon l'intelligence et selon l'esprit, nous ne le concevons pas selon son essence propre. Quand nous sommes sur ces hauteurs nous faisons perpétuellement la confusion des attributs de l'être créé avec les attributs de l'Être du Créateur, nous ne savons pas distinguer ce que nous sommes en nous-mêmes et ce que nous sommes comme œuvre du Créateur.

Quand la philosophie de l'être, c'est-à-dire la philosophie vraiment chrétienne sera reprise comme elle doit l'être, on sera confondu des folies où l'étude et la recherche de l'essence des choses a jeté les philosophes. Ils ont toujours saisi un attribut de l'être, croyant s'emparer de l'essence de l'être; et ils ont abouti soit à un panthéisme matérialiste, soit à un panthéisme spiritualiste. Après Descartes et Leibnitz, tous leurs successeurs sont tombés dans la même faute, et entre autre Locke, Mallebranche, Kant, Héghel, qui, comme les principaux, ont donné dans les plus grandes aberrations, en croyant saisir l'être et n'embrassant que la phénoménalité.

Le point de départ de toutes ces erreurs est d'avoir

gardé comme inspiratrice la métaphysique d'Aristote qui, dans son étude de l'être, confondait l'Être créateur et l'être créé, alors que nous aurions dû constituer une métaphysique chrétienne en deux parties très-distinctes, l'une théologique, l'autre naturelle. C'est un point que je veux tenter d'expliquer, autant qu'il se rattache à notre question principale.

CHAPITRE XXI

Confusions et dangers de la métaphysique péripatéticienne.

L'objectif qui nous touche ne nous est d'abord perceptible que par sa phénoménalité ; ce n'est que subsidiairement que notre raison conçoit son être comme l'auteur rationnel ou la raison d'être de la phénoménalité. Si donc la physique est une étude très-légitime des phénomènes naturels, la métaphysique est un complètement scientifique obligatoire, parce qu'elle est l'étude de l'être.

Mais l'Être créateur et l'être créé ne peuvent appartenir à la même science, parce qu'il n'y a aucune analogie à établir et parce que les procédés d'étude sont différents ; de sorte que, les réunir dans un même plan scientifique, c'est établir une confusion dangereuse. Il est bien vrai qu'en théologie comme en métaphysique l'instrument qui conçoit l'être est toujours le même, et que le procédé logique consiste toujours à remonter du phénomène à l'être. Mais, tandis que, pour l'être naturel, la phénoménalité est purement expérimentale et est mise pour ainsi dire, à notre disposition : au contraire, pour l'Être divin, la phénoménalité est déjà une perception logique ;

car, si la phénoménalité expérimentale ne se comprend pas sans l'être, c'est l'être crée qui ne se comprend pas sans l'Être créateur, et c'est l'être second qui implique l'Être premier. La théologie et la métaphysique sont donc deux sciences distinctes, ayant, il est vrai, de grandes relations, comme la métaphysique avec la physique, mais cependant placées chacune à leur degré.

Cela, pour des chrétiens, ne peut guère souffrir de difficultés, et nous acceptons, selon notre raison instruite, qu'il y a bien deux sciences distinctes, la théologie qui étudie l'Être divin, et la métaphysique qui étudie l'être naturel. Mais Aristote n'en était pas où nous en sommes : il était païen, n'ayant de l'Être divin et de l'être créé que des idées confuses, parce qu'il n'entendait pas la création. Il voyait bien des êtres, et il avait l'idée d'un être premier; mais, ne comprenant pas la création, il ne savait pas séparer dans son esprit l'Être créateur et l'être créé, et, par cela même, il ne comprenait pas l'être. Il cherchait l'être, il en avait comme une intuition et un vague souvenir, il aspirait incontestablement à le connaître : mais son intelligence, toute puissante qu'elle était, n'était pas suffisamment éclairée et ne parvenait pas à étreindre l'objectif qu'elle entrevoyait. De là, pour lui, une confusion fatale qui lui faisait réunir dans une même étude deux études distinctes.

Les scolastiques, bien autrement éclairés qu'Aristote dans ces hautes questions, entrevoyaient lumineusement l'Être créateur et l'être créé, et nous avons vu la distinction qu'ils s'étaient efforcés de faire au sujet des attributs, qu'ils reconnaissaient bien inséparables dans l'Être divin, et qu'ils croyaient séparables dans l'être naturel. Mais, tout en étant très-bien établis sur le terrain vrai, ils connaissaient infiniment mieux l'Être créateur que l'être créé; car, il suffit de poser la distinction pour se trouver immédiatement ravi à la comtemplation et à la méditation de l'Auteur de tout être, tandis que l'être créé ne se peut connaître que par la phénoménalité qui le traduit, et cette phénoménalité leur échappait scientifiquement. Ils voyaient donc dans la métaphysique d'Aristote le côté théologique qui les frappait, cette aspiration à l'être, merveilleuse quoiqu'impuissante; et elle leur apparaissait comme une sorte de théologie naturelle dans laquelle l'être créé était expliqué par l'Être créateur; aussi l'ont-ils souvent nommée une théodicée.

Il saute aux yeux, ce me semble, qu'il y avait là cependant, une fâcheuse confusion, suite de la théorie péripatéticienne, mais comme par un renversement de l'idée première. Aristote avait confondu la théologie et la métaphysique en noyant pour ainsi dire l'Être divin dans l'être naturel, et, en fait, il supprimait la théologie au profit de la métaphysique; tandis que les péripatéticien, chrétiens noyaient pour ainsi dire l'être créé dans l'Être créateur, en supprimant la métaphysique au profit d'une théologie naturelle. De sorte que, lorsque les sciences modernes arrivant avec leurs expériences et leurs études de la phénoménalité demandaient à la philosophie de leur expliquer l'être naturel, le néo-péripatétisme répondait très-innocemment, et très-justement dans un sens supérieur, que l'être créé s'explique par l'Être créateur.

On ne peut contester la haute raison des scolastiques, et il est très-vrai que l'être créé ne s'explique dans son entité que par l'Être créateur. Mais si nous prenons l'être créé dans sa réalisation phénoménaliste, il ne se comprend et ne s'explique que par ses phénomènes; et c'est précisément ce rapport entre l'être et le phénomène que la science prend pour objectif de ses études. La théologie explique le rapport de l'être créé avec l'Être créateur, mais elle n'explique pas et n'a pas pour mission d'expliquer le rapport scientifique de l'être avec sa phénoménalité. A côté de la théologie, ou même au-dessous d'elle, il y a donc une métaphysique naturelle très-légitimement distincte et à laquelle il faut laisser sa place.

Cependant, cette métaphysique naturelle n'existait pas au moment du conflit des sciences nouvelles avec le néo-péripatétisme, autrement dit le thomisme, lequel même voulait qu'elle n'existat point. Elle n'existait pas réellement, mais seulement virtuellement, parce qu'on avait une idée très-nette de l'être naturel, bien que cet être ne puisse être connu que par sa phénoménalité. Et le thomisme répondait que l'être créé ne peut être connu dans sa raison d'être que par l'Être créateur, que la métaphysique n'est autre que la théodicée

On voit quelle confusion résultait de l'attache au péripatétisme. D'une part les physiciens voyaient au nom de leurs sciences une métaphysique qu'on ne leur présentait que comme une théodicée, et ils se séparaient de cette étude de l'être autrement conduite que par l'étude des phénomènes : de là le matérialisme où ils se sont enfoncés, et l'extraordinaire répugnance qu'ils ont montrée et montrent encore pour toute métaphysique. D'un autre côté, les thomistes niaient une métaphysique naturelle, et présentaient une tendence irréductible à expliquer toute entité naturelle par les données théologiques, comme à mépriser les données scientifiques fournies par les sciences modernes ; d'où résultent les difficultés multipliées qui prolongent le conflit entre la science et la religion, conflit établi par le thomisme aux XVIe et XVIIe siècles.

En voici un exemple :

Dans la discussion établie entre le R. P. Ramière et M. F. J., discussion dont j'ai parlé au chapitre VI, M. F. J. s'inspire d'une question d'ordre théologique pour résoudre celle du composé naturel, et s'exprime ainsi : « Je ne nie pas du tout que la chimie puisse « connaître dans l'hostie consacrée, comme dans celle « qui ne l'est point, les propriétés du pain et du vin, « puisque les propriétés se trouvent tout aussi bien « dans la première que dans la seconde ; ce que je « nie, c'est que la chimie puisse constater la pré- « sence ou l'absence de la substance qui rapporte « ces qualités. » et une page plus loin : « Les chimistes « peuvent très-bien démontrer que les propriétés des « éléments se retrouvent dans le *corps composé*, « mais ils ne démontrent point par là même la persis- « tance de la *Forme substantielle* de chacun de « ces éléments. Il est bien vrai que de l'existence

« des propriétés d'un être, nous pouvons déduire « ordinairement l'existence de la *Forme substan-* « *tielle* cachée sous ces propriétés, mais des raisons « supérieures ou métaphysiques peuvent nous forcer « d'admettre que cette *Forme substantielle* a fait « place à une autre *Forme* qui remplace avantageu- « sement la première, et devient le support de ces « mêmes propriétés. En cela il n'y a aucun miracle, « tandis que dans le mystère de l'Eucharistie, les « propriétés du pain, ne reposant ni sur aucune Forme « substantielle, ni sur aucune substance, sont uni- « quement soutenues par une intervention miracu- « leuse de la Puissance divine. » *(Revue des sciences ecclésiastiques,* novembre 1865, p. 462, 463.)

Le digne M. F. J. se défend bien évidemment de confondre une question d'ordre naturel avec une question d'ordre surnaturel, l'*information substantielle* et la *transubstantiation;* mais malgré lui, peut-être, et sans s'en douter, il s'inspire manifestement de l'une pour résoudre l'autre. Lorsqu'il nous déclare que les chimistes ne peuvent point démontrer la persistance de la Forme substantielle, il se laisse entraîner à une simplicité qui masque l'erreur sous la moquerie; car la Forme substantielle, n'étant point une matérialité, n'est pas asssurément saisissable matériellement, l'enfant le sait; mais si cette Forme est le principe de l'être, il suffit de montrer la présence de l'être pour démontrer la présence de son principe d'être, dans les choses naturelles.

Il ajoute avec une grande bonne foi, qu' « il est « bien vrai que, de l'existence des propriétés d'un être,

« nous pouvons déduire ordinairement l'existence de « sa Forme substantielle cachée sous ces propriétés. » Nous voilà d'accord, sauf sur l'adverbe *ordinairement* qui n'est pas juste et doit être remplacé par cet autre : *toujours*. Ordinairement n'est pas assez, et on peut se plaindre qu'il atteste une concession médiocre; car, où a-t-on jamais vu que les propriétés d'un être n'attestent pas l'existence de cet être? si ce n'est lorsque ces propriétés sont incomplètes, incomplètement connues, imparfaitement constatées, comme lorsqu'il y a tromperie sur l'être par travestissement ou prestidigitation; mais le travestissement et la prestidigitation ne sont pas de la science. De grâce, M. J., reconnaissez qu'en disant votre *ordinairement*, vous avez voulu dire *toujours*, car vous aimez la vérité.

Mais, ajoute encore notre thomiste, « des raisons « supérieures ou métaphysiques peuvent nous forcer « d'admettre que cette Forme substantielle a fait place « à une autre forme qui remplace avantageusement la « première, et devient le support de ces mêmes pro« priétés. » Il oublie malheureusement, et c'était le plus important, de nous dire ce que sont et peuvent être ces raisons supérieures qui autorisent à admettre d'aussi merveilleuses substitutions. Sans aucun doute il y a beaucoup d'êtres qui en remplaceraient avantageusement d'autres : mais cela ne les autoriserait en aucune façon à se substituer à autrui pour prendre sa peau et ses propriétés intrinsèques non plus qu'extrinsèques. On se demande comment ces propriétés subornées seraient bien l'acte de l'être suborneur, et comment elles subsisteraient en elles-mêmes sans un être propre sous autrui. Il n'y a absolument rien dans les sciences qui puisse autoriser une raison sérieuse a admettre que les propriétés naturelles puissent changer de principe d'être sans changer d'être, comme un manteau change de propriétaire; et encore celui-ci a-t-il son être propre.

Les « raisons supérieures ou métaphysiques » dont parle notre digne thomiste sont évidemment métaphysiques à la façon du thomisme, c'est-à-dire théologiques; et on comprend comment il s'escrime si bien contre les pauvres chimistes qui ne peuvent expliquer la *transubstantiation*, sans que ceux-ci aient jamais eu d'ailleurs la moindre idée de cette explication. Il a beau s'en défendre, c'est là sa seule raison, on peut le défier d'en donner d'autres; et c'est une petite excuse. En bonne logique et selon toute science, si la propriété change de principe d'être elle change d'être et ne reste point la même; il n'y a qu'un miracle qui puisse autoriser le contraire, mais alors nous sommes en théologie non en méthaphysique, à moins de confondre la métaphysique avec la théologie.

Les confusions et les dangers produits par la métaphysique péripatéticienne sont sans nombre: non-seulement la théologie a été compromise mais les sciences ont été lancées dans le matérialisme, et des sujets de discussion entre la science et la religion sont nés sous les pas, en raison de la tenacité inconcevable du thomisme à tout compromettre, même saint Thomas, plutôt que de se séparer d'Aristote. Cependant l'évolution naturelle des idées humaines présente une régularité et une précision qui frappe d'étonnement, et qui montre bien que Dieu y a mis la main, que les hommes seuls avec leurs passions ont tout gâté. La doctrine chrétienne se répandait dans le monde à la suite du divin Maître pour tout compléter et tout rectifier: d'une part elle éclairait et complétait la révélation dont le peuple hébreux avait été dépositaire; d'une autre part, elle venait donner de la rectitude à la raison dont le peuple grec avait été chargé de bégayer l'étude préliminaire.

Lorsque la scolastique se lève, et elle se montre avec les premiers docteurs chrétiens, son rôle apparaît dans toute sa pureté; elle vient en purifiant et rectifiant la raison empruntée aux Grecs, vivifier les traditions hébraïques, et constituer les lignes d'une science théologique qu'aucun génie antérieur n'avait pu concevoir; elle est chargée d'enseigner à la raison l'Être divin dans sa personne, dans sa gloire et sa puissance, dans ses attributs, dans ses œuvres de création, de providence, de justice et de miséricorde. Comment, sans cette première science, acquérir la science de l'être créé, le créé ne s'explique que par le Créateur, dont il est la manifestation.

Mais, lorsque la scolastique a achevé son œuvre, qu'elle a constitué la théologie, alors paraissent à leur heure marquée les sciences modernes qui éclosent à leur tour pour s'occuper de l'être créé et le faire comprendre dans ses manifestations, comme la théologie a fait comprendre Dieu se manifestant dans ses œuvres.

Ce ne sont plus les rapports de l'Être créateur à l'être créé, ou du créé au Créateur, mais les rapports de l'être créé avec ses phénomènes ou du phénomène avec son principe d'être. Ces rapports sont tous différents: la créature est une production libre et extrinsèque du Créateur; tandis que le phénomène est une génération intrinsèque de l'être. Vouloir établir que le Créateur est à son œuvre, comme l'être est à son phénomène, c'est tomber dans une confusion déplorable, que la théologie et les sciences doivent réprouver ensemble. Qu'Aristote ait fait cette confusion, cela se comprend; mais les chrétiens n'y sauraient tomber, et ils doivent établir une science de l'être naturel tout à fait distincte de la science de l'Être créateur. La théologie devait d'abord faire son œuvre, et c'est au tour des science naturelles à faire la leur. Les mouvements se suivent et s'enchaînent, mais ne sont pas les mêmes. Il faut donc nous séparer absolument du panthéisme qui établissait *un être général, ou un être universel,* comme disait Mallebranche, d'où dérivent les êtres particuliers, comme le phénomème dérive de l'être. Nous avons fait un pas considérable loin de cette erreur.

C'est là le nouveau pas de la marche des sciences humaines, c'est une nouvelle science qui naît pour s'ajouter à la science précédente. Ce n'est point la même chose, c'est autre chose; la distinction est irrécusable. Mais ce n'est point quelque chose de tout différent et de séparé, c'est un degré qui vient s'ajouter au précédent et le compléter; car si la science de l'être créé ne se comprend pas sans celle du Créateur, celle-ci grandit en proportion de ce qui la soulève; on doit d'autant mieux connaître Dieu qu'on connaîtra mieux ses œuvres. Seulement le monument ne se construit pas en ajoutant un étage à un étage. Dieu fait construire par le dessous; et c'est l'étage qui s'élève parce qu'un étage en substruction le soulève.

Au dessous de la théologie achevée, la physique et la physiologie montrent les manifestations de l'être inférieur pour lequel il faut instituer une nouvelle métaphysique. Vainement elles se cantonnent dans le matérialisme, et déclarent ne vouloir s'occuper que de la phénoménalité pour mieux assurer leur propre domaine, il faut qu'elles en viennent à affirmer l'être, et nous avons vu comment elles l'affirment pour ainsi dire malgré elles. Elles disent se séparer de la métaphysique qu'elles récusent et même bafouent: mais en affirmant l'être elles proclament la nécessité d'une sorte de métaphysique, et tout en proclamant leur séparation elles ne peuvent qu'affirmer une distinction que la raison ne saurait leur contester.

La nécessité de bien établir la distinction que nous venons de poser, et de ne point confondre sous le terme vague de métaphysique des faits d'ordres tout différents, trouve précisément son application dans la question soulevée par M. F. J. L'auteur aurait pu dire que nous avons des raisons théologiques considérables pour croire que le pain et le vin quoique conservant toutes leurs apparences, ont cependant, changé de substance dans le mystère de la consécration: il eut eu cent mille fois raison. De même nous pouvons dire que nous avons des raisons de l'ordre chimique, pour accepter que le coton ou la cellulose quoique gardant toutes leurs apparences, ont pu être profondément modifiés dans leur nature; car il est certain que l'acide nitrique peut les avoir changés en fulmi-coton sans altérer sensiblement leurs apparences extérieures. Mais nous ne saurions faire, entre ces deux ordres de faits un rapprochement qui peut plaire à l'imagination, capable de séduire certains esprits, peut-être même dangereux pour quelques-uns: nous ne saurions faire ce rapprochement sans accentuer fortement les différences qui défendent de confondre une analogie lointaine avec la similitude, et sans marquer les terrains scientifiques différents avec leur ordre particulier de démonstration, sous peine d'une confusion des plus regrettables. Nous invoquerions vainement la métaphysique pour nous excuser, cette excuse ne serait pas valable. Il faut expliquer théologiquement ce qui est théologique, et naturellement ce qui est naturel.

Le mouvement qui nous pousse est donc fatal, irrésistible. Les sciences ont manifesté l'être créé dans ses phénomènes, et il faut maintenant la métaphysique de cet être pour expliquer comment il est lié à sa phénoménalité. Ce n'est plus la science d'autrefois et les bégayements de la raison des Grecs qui peuvent servir; ce n'est pas d'avantage cette métaphysique des scolastiques qui était la théologie: c'est une métaphysique nouvelle qui doit s'inspirer des données scientifiques nouvelles, car l'être ne nous peut être connu dans ses œuvres que par sa phénoménalité. Un travail de substruction avait produit les sciences naturelles au-dessous de la théologie:

il faut maintenant qu'entre ces deux degrés nous en construisions un intermédiaire qui prend le nom de métaphysique naturelle.

Et cette science est précisément nécessaire pour rattacher à la théologie les sciences naturelles qui semblaient séparées. Elle n'est point elle-même séparée, car il faut rattacher l'être créé à l'Être créateur, l'un ne saurait être compris sans l'autre : mais elle ne sort pas de la théologie, elle s'y rattache; elle sort de la science phénoménaliste parce que l'être naturel a été créé avec la matière en dehors de l'Être créateur. Les sciences montrent l'instrument dans la phénoménalité, et cet instrument ne peut être complétement entendu sans l'être qui s'en empare au nom de Dieu pour le transformer dans son être et dans ses qualités.

Nous sommes donc à une nouvelle phase scientifique où nous n'avons plus rien à faire avec le péripatétisme ; nous nous établissons entre la théologie et les sciences expérimentales, la première nous aidant à comprendre l'être créé par l'Être créateur, les autres nous le faisant entendre par sa phénoménalité. Autant la théologie nous éclaire quand nous voulons comprendre d'où vient l'être créé, autant les sciences expérimentales nous expliquent comment il se manifeste. Mais renverser les rôles c'est insensé, et la théologie ne peut pas plus nous dire comment l'être se manifeste dans le phénomène, que la physique ne peut nous expliquer comment ce créé vient de son Créateur. Les deux sciences distinctes sont donc unies pour compléter la science, mais en demeurant chacune sur leur terrain, d'où le rôle de cette métaphysique naturelle obligée de conjoindre dans l'unité les enseignements qu'elle tire supérieurement de la théologie, et inférieurement des sciences naturelles; car l'être naturel ne peut être connu dans son unité complète sans l'être premier qui l'explique par en haut, et les sciences naturelles qui l'expliquent par en bas, sans l'être qui lui donne l'être, et l'être qui se prête à lui pour réaliser sa phénoménalité.

CHAPITRE XXII

L'Être et la Doctrine des fonctions.

La thèse dont nous avons poursuivi la démonstration peut se réduire à ces termes : Tout être naturel est composé de deux êtres unis dans l'unité : un principe de subsistance ou Forme substantielle, et un principe matériel de réalisation sensible. Il y a là une intimité mystérieuse dont le fond nous échappe, mais dont nous jugeons par le dehors, *invisibilia per visibilia*, et où la raison et la science nous témoignent aussi certainement qu'on le peut savoir, qu'il y a là deux êtres en un.

Cette démonstration que nous avons suivie dans tous les replis où s'engage la question, appelle encore un complément de témoignage tiré de sa solution : Ce sont les conséquences où peuvent engager la doctrine de l'union vraie que nous avons soutenue, et les théories fausses du matérialisme, du manichéisme et du péripatétisme. Nous ne voulons pas nous engager à examiner toutes les conséquences, dont plusieurs sont d'un intérêt capital pour les sciences comme pour la religion et la société; mais nous ne saurions cependant, nous en désintéresser après avoir pris tant à cœur d'élucider la question, et le moins que nous puissions faire est d'en présenter une esquisse à grands traits qui résume en même temps les divers points que nous avons touchés.

On ne peut s'y tromper, la question est des plus graves qu'on puisse poser : elle n'est pas seulement un débat entre telle ou telle école ; elle touche aux principes mêmes de nos connaissances, de nos croyances et de notre direction morale. Son point de départ est la question même de l'être, non-seulement dans ce que nous sommes, mais dans tout ce qui nous touche ; et, son aboutissant à pour résultats positifs la grande doctrine des Fonctions qui en est la conséquence inéluctable. Il n'y a point d'être sans ses fonctions d'être, parce que tous ont leur raison d'être ; et poser un être à connaître dans le monde, c'est établir un ensemble de fonctions à étudier, c'est consacrer ces fonctions comme une activité que nous ne saurions méconnaître sans un grave tort, que peut-être nous ne saurions négliger sans dangers. Et, par un renversement de la proposition où la vérité est non moins frappante que les premiers termes : toute activité qui nous frappe nous impose l'étude de l'être dont elle est fonction.

Nous voilà de ce premier pas affranchis des théories vides du matérialisme ; car en affirmant l'être matériel sur l'activité phénoménaliste qui le traduit, nous attribuons à cet être ce qui lui revient légitimement en même temps que nous le tenons obligé de confesser l'être spirituel que sa phénoménalité nous accuse,

Le matérialisme, en exagérant le rôle de la matière jusqu'à nier le rôle de l'esprit, croyait produire une affirmation plus forte par un excès : et on manquait de réponse en niant l'être matériel, parce qu'on confondait soi-même par un excès contraire ce qui est de l'esprit et ce qui est de la matière. Du moment où nous posons l'être matériel comme existant, nous posons sa fonction matérielle, et par cela même nous la délimitons.

Partout où se montre la phénoménalité sensible, partout où éclate une manifestation de la matière, nous saluons l'être matériel : mais en même temps nous lui disons qu'il n'est spécifié dans son être que par la puissance formelle d'un être spécifique qui le détient. Il est bien quelque chose de réel et d'actuellement actif : mais il n'est dans cette forme d'activité qui nous montre un type spécifique, que par le principe de la spécificité qui est un type d'être particulier. Car par elle-même la matière n'a que des actes communs, et ce sont ces actes communs groupés sous une modalité spécifique qui se montrent à nous ; nos sens perçoivent les accidents communs des êtres naturels, et c'est notre intelligence qui en conçoit l'être.

En physique, nous voyons bien le nombre, le volume, la figure, le mouvement, la pesanteur, l'attraction, les répulsions, la chaleur, la lumière, l'électricité, le son ; mais nous ne percevons ses phénomènes selon leurs lois que dans les corps qui ont tous un type d'être, et qui se nomment des substances simples ou composées. De même, pour les corps vivants : nous voyons bien des mouvements matériels communs d'absorption, de nutrition, de formation, de sécrétions, où les substances composantes ont leur rôle ; mais nous ne voyons ces phénomènes que dans des êtres spécifiés, qui se nommeront telle plante, ou tel animal, ou l'homme ; et c'est le principe de l'être spécifié seul qui peut nous expliquer comment l'être matériel est ainsi en action sous cette modalité d'être qui ne lui est pas de sa nature propre.

Toutes les sciences naturelles se trouvent donc ainsi mises en demeure d'étudier la nature au nom de la doctrine de l'être, où il leur est enjoint au nom de la raison comme par des faits, de trouver en tout être naturel les fonctions du principe spirituel qui spécifie l'être, et les fonctions de l'élément matériel qui le réalisent dans ses actions.

Cependant, il ne suffit pas d'établir qu'il y a les deux ordres de fonctions, mais aussi comment elles sont dans l'unité ; car l'être naturel formé de deux êtres n'est qu'un seul être, et il n'y a pas là deux fonctions d'être accolées, mais les fonctions de deux êtres dans une même fonction d'être. C'est ici précisément que la question prend des proportions considérables et mène à ces solutions si diverses du manichéisme et du péripatétisme, qui, si contraires à la solution chrétienne, bouleversent le monde. Car le débat entre le principe de l'être et l'élément réalisateur, entre l'esprit et la matière, ne se pose pas seulement sur le terrain des sciences d'amphithéâtre et d'école, il se prolonge dans les sciences sociales partout où il y a une union de deux principes différents, partout où on trouve des analogues, le spirituel et le temporel, l'autorité et la liberté, le supérieur et l'inférieur, le maître et le serviteur, même le mari et l'épouse. Quoi qu'on fasse, les questions se tiennent et s'enchaînent parce qu'il y a des principes communs qui les dominent, à des variantes près; et quand on pose la question de l'union de l'âme avec le corps, du principe formel avec le principe matériel, on évoque inévitablement les lois générales qui doivent présider à toute union; on ne suppose pas qu'il ne puisse pas y en avoir; on cherche le prototype qui doit les résumer toutes et en qui elles seront toutes explicables.

Certes toutes les unions ne sont pas semblables: on en voit où les conjoints restent simplement attachés et demeurent dans leur modalité d'être naturelle; on en voit au contraire, où les conjoints disparaissent dans l'union pour s'y fondre dans un être nouveau; mais ces différences, si grandes au premier abord, ne sont-elles pas simplement du plus au moins, et excluent-elles des lois générales communes?

Le premier sujet de préoccupation surgit de suite comme posé par la question elle-même: dans le cas où les conjoints semblent se fondre en un être nouveau, disparaissent-ils véritablement? Ce qui revient à se demander si l'union peut être la perte de l'être? Il suffit de poser la question pour la résoudre, car l'union qui ne se fait que pour développer l'être ne peut être la mort de ce qu'elle doit développer. La matière ne s'unit à l'esprit que pour se vivifier, et l'esprit ne s'unit à la matière que pour étendre ses puissances dans une réalisation matérielle; comment, dès lors, ce qui s'étend ou s'élève pourrait-il être considéré comme mourant? C'est le contraire qui est le vrai; ce qui s'unit se vitalise davantage en prenant une vie nouvelle. D'ailleurs, l'être s'accuse dans ses fonctions, et comment le récuser là où une activité le manifeste, quelles que soient les apparences de la modalité sous laquelle il vit?

Nous concevons donc ainsi des lois générales d'union, où tout ce qui s'unit, s'unit véritablement, non pour s'annihiler, mais pour se surélever réciproquement, quelquefois en gardant la modalité d'être naturelle, d'autrefois en la changeant.

Combien nous sommes loin du manichéisme et du panthéisme péripatéticien qui semblaient vouloir relever la matière et qui en réalité l'avilissaient. Dans la théorie manichéenne, la matière s'isole indépendante, séparée de l'esprit; elle n'en reçoit rien, elle est tout par elle-même et en elle-même; c'est en vérité un conjoint dont l'esprit n'a que faire puisqu'il ne peut rien pour elle, et dont il ne peut qu'être embarassé; et il ne lui sert de rien à elle-meme d'être unie, puisqu'elle ne tire rien de son conjoint qui ne peut rien pour elle et ne lui est qu'une attache tout au moins inutile. Dans la théorie péripatéticienne, l'union semble un bénéfice pour le conjoint supérieur qui s'enrichit des qualités de l'être qu'il s'unit en supprimant son principe d'être, c'est-à-dire son principe propre; mais cette richesse est médiocre, car le principe spirituel ne fait qu'user des qualités du principe inférieur, il ne leur ajoute rien et ne saurait rien leur ajouter que ce qui lui appartient à lui-même, il ne les féconde pas. Quant à l'élément inférieur, l'union lui est une mort, car, y perdant son principe d'être, il y perd vraiment son être, et demeure dans ses qualités naturelles sans rien de plus ; et si on lui dit qu'il a la gloire de participer à un être supérieur, ce bénéfice lui est médiocre, puisque son être n'en est que détruit en perdant son principe d'être, et que ces qualités n'en retirent aucune fécondité.

Le thomisme avait cru pouvoir accepter ce péripatétisme en relevant l'autorité du principe formel, dont il faisait un être vrai, pendant qu'Aristote n'en faisait qu'un principe second en puissance dans la matière première. Certes il y avait là un effort pour sortir du panthéisme matérialisme où entraînait la doctrine d'Aristote, mais un effort impuissant, parce qu'on demeurait malgré cela dans les données premières de la théorie. Le seul moyen d'en sortir, vraiment, était d'affirmer la réalité permanente de l'être, aussi bien pour la matière que pour le principe formel. Malheureusement la science physique d'Aristote soutenait que les composants périssent dans le composé, et que les qualités matérielles seules subsistent. Là était l'arrêt.

Aujourd'hui, la science physique, au lieu de nous être une difficulté, un obstacle pour échapper au péripatétisme, nous est au contraire un aide pour en sortir ; nous nous garderons bien de ne pas profiter d'un secours si précieux. Demandez au chimiste, au physicien, au physiologiste, ce qu'ils pensent des composés, et ils vous témoigneront que les composants forment eux-mêmes le composé, que celui-ci est la résultante de leurs fonctions réciproques. Cherchez-donc à faire entendre au chimiste, que l'eau ne contient pas l'hydrogène et l'oxigène qui la forment, et qui y sont représentés selon leur poids atomique; et que, dans tous les corps composés, il n'y a que les qualités des composants non leur être: il se demandera quelle mouche singulière vous a piqué. Les faits sont là certains, assurés, que dans tout composé, l'être des composants subsiste pour l'être du composé; que même malgré votre théorie, rarement on voit la survivance des qualités premières, dont le composé retrace seulement des souvenirs, et que le plus souvent ce composé présente des qualités propres qui résultent de l'union des composants. En physique il en est de même, et pas un physicien n'écoutera sans rire, que les qualités qui font varier la chaleur, la lumière et les autres mouvements physiques, subsistent sans les substances qui les détiennent; que le verre réfracteur ne réfracte pas en raison de la silice et des autres substances qui entrent dans la composition du cristal. Quand vous diriez à un physiologiste que le fer, l'oxygène, l'azote, le charbon et les autres substances qui aident à former le corps, n'y entrent que par leurs qualités non par leurs substances, quand vous lui direz que sa science lui permet de parler des qualités, mais que la substance lui échappe et qu'il n'en peut rien dire, il vous répondra que le fer est du fer, et ainsi de chaque substance, et que récuser qu'il y ait du fer là où se montrent toutes les propriétés du fer, c'est de la pure déraison. Ou bien il s'agit d'une question surnaturelle; et c'est alors une toute autre chose qu'on ne saurait vouloir juger naturellement, sans une autre déraison.

Il y a là une question de bon sens qu'on s'étonne de voir ainsi récuser, à moins de sommeil philosophique. Si la matière informée change de principe d'être, évidemment elle change d'être. On a beau invoquer que le nouveau principe d'être possède des puissances analogues à ce qu'était ce principe: cela explique peut être que le nouveau principe puisse tenir l'être de la matière, mais incontestablement cela ne fait pas que la matière ne change pas d'être. Elle ne saurait conserver son être sans conserver son principe; et du moment qu'elle change de principe elle change d'être, si toutefois ce qu'on imagine est possible, ce que je crois irréductible à la raison.

En réalité le jeu qu'on fait jouer au principe informant consiste à s'emparer d'un être pour le supprimer et jouir de ses qualités. Cela est déjà bien fort; mais ce qui est plus fort encore, c'est que cet être s'empare purement et simplement des dépouilles matérielles, en s'emparant de ces propriétés, et ne peut les transformer; car il ne saurait opérer cette transformation sans agir sur le principe dont elles dépendent, ce qui fait que son but d'acte est aussi vain que brutal. Et cela est non-seulement contraire au bon sens, mais c'est encore contraire à la réalité des choses; car dans toute union, les conjoints agissent réciproquement sur leur être pour le féconder en lui faisant produire des propriétés nouvelles: A cet égard, toutes les sciences ne laissent aucun doute, et en vérité elles sont plus sages que cette théorie qui va contre tout ce qu'elles enseignent. Vous révoltez la substance en prétendant l'annihiler, dirons-nous aux derniers péripatéticiens, et plus sage que vous, elle vous répond en affirmant l'être que vous devriez être heureux d'acclamer avec elle?

L'autorité de l'être est irréfutable et invincible dans l'union: supprimer le principe d'être, c'est supprimer l'être; faire d'un des conjoints l'être de l'autre conjoint c'est supprimer ce dernier pour le réduire à des qualités infécondes. Est-ce bien là le rôle des fonctions de l'âme et du corps dans cette union qui est prototype de toutes les unions? Dieu prenant de la terre pour former le corps, n'a-t-il donc voulu que garder les qualités de la matière sans la matière elle-même? L'âme ne possède-t-elle dans le corps qu'une apparence et une seule réalité qualitative sans réalité entitative? Ne disons-nous pas, nous autres chrétiens, que ce corps est réel, qu'il participe à la vie de l'âme, qu'il est par conséquent transfiguré dans son être et dans ses qualités par le principe animique qui l'informe? Ne disons-nous pas que ce corps est véritablement imprégné dans son être par la vitalisation qu'il reçoit, de manière à en recevoir une marque qui pourra se retrouver un jour? Ne disons-nous pas que la matière a en nous sa fonction, et par cela même son être? N'est-ce pas nous qui avons eu le souci de l'être matériel et qui avons le mieux affirmé son honneur, en montrant que cet élément est capable d'être uni au principe spirituel, capable d'en être fécondé et d'acquérir des vertus qu'il n'aurait pas de lui-même, qu'il ne produit que dans cette transformation subie par son être pendant son union avec l'âme? Et cet honneur de la matière n'a-t-il pas encore été relevé plus haut, par notre croyance au corps bien réellement vrai de Notre-Seigneur, à sa transfiguration dernière que nous tenons comme un gage de notre propre transfiguration, bien autrement sublime encore que celle qui fait de la matière une chaire vivante dans l'union substantielle? Jamais nous n'avons dit que notre corps n'était pas un être vrai et ne consistait que dans des qualités matérielles; ni que le corps de notre Seigneur ne fut qu'une apparence non une réalité d'être, qu'il n'ait été transfiguré que dans ses qualités, non dans son être; ni que notre corps ayant vécu seulement dans ses qualités matérielles ne doive pas revivre dans sa réalité d'être matériel plus transfiguré encore qu'il ne l'est dans la vie?

Des subtilités comme celles du péripatétisme ne sont jamais entrées dans le dogme et sont irréductibles à la raison. Il répugne à la droite intelligence des choses comme à leur réalité, que l'union des êtres soit une conjonction dolosive et fratricide, où l'un des conjoints ne pénètre que pour y être anéanti et dépouillé; et cela répugne non moins à l'être établi comme le prototype de toutes les unions.

Dans la doctrine de l'union vraie, l'intelligence ne saurait comprendre la conjonction des conjoints qu'à leur avantage réciproque. L'esprit trouve dans la matière un élément qui l'aide à réaliser des activités qu'il ne saurait réaliser sans elle; mais elle aussi trouve dans l'esprit une puissance qui la féconde et lui fait développer des puissances dont elle a l'aptitude, il est vrai, mais qu'elle ne saurait produire d'elle-même. Il y a là deux principes qui sont tour à tour moteur et mobile, et qui expliquent seuls l'être naturel; car, l'être naturel n'étant pas en acte par lui-même, doit être tout à la fois moteur et mobile pour produire ses mouvements; et l'âme est suscitée à l'acte par l'action matérielle, comme l'action matérielle est produite dans son mode par l'âme qui l'ordonne.

Admettons, si l'on veut que, dans cette union, les deux conjoints soient l'un le supérieur, l'autre l'inférieur, comme il en est dans toutes les unions. Le principe de la réalité des êtres nous explique seul leurs fonctions et leur dignité. Le supérieur ne vit que par l'inférieur qu'il vivifie, comme l'inférieur n'a son être vivifié que par le supérieur qui le transforme; de sorte que l'un et l'autre se relèvent dans l'union qu'ils contractent et où ils jouent réciproquement le rôle de serviteur. Le supérieur, loin d'attaquer l'être de son conjoint, l'aime parce qu'il y trouve sa vie, le respecte comme un appoint qui agrandit son être, l'honore en le transformant et par celà même en le relevant; de sorte que, dans cette union, le supérieur grandit, s'étend, s'amplifie de toute l'étendue d'action que lui apporte l'être qui traduit ses élans et sa puissance, qui lui est une gloire comme lui-même lui est un honneur. Pour l'inférieur, loin d'être annihilé et dépouillé, il trouve dans l'union avec le supérieur un relèvement, un développement de puissance, et une sorte d'ennoblissement dans son être et dans ses propriétés; car, si l'ouvrier s'honore par son instrument, celui-ci est honoré par les merveilles qu'on lui fait accomplir dans l'œuvre.

Ainsi, dans les unions vraies, selon la doctrine de l'être et de ses fonctions, les conjoints trouvent dignité et profit au service qu'ils se rendent mutuellement : l'un s'honore à élever, transformer et conduire, et l'autre s'honore à servir d'autant mieux celui qui l'élève; et on comprend que cela peut aller au point où l'inférieur qui sert devient supérieur en dignité au supérieur qui ne relève pas son inférieur! Il en est autrement avec les fallacieuses théories du manichéisme et du péripatétisme. Partout où elles règnent, les unions ne peuvent s'accomplir efficacement, et deviennent une lutte inféconde entre les conjoints. Avec le manichéisme, les conjoints s'isolent pour se séparer dans leur indépendance : le supérieur qui s'isole de son instrument, se rétrécit et s'amoindrit croyant s'élever, se prive de l'étendue de puissances que l'instrument lui donnerait et se perd dans son orgueil; tandis que l'inférieur qui s'isole et se sépare pour s'affirmer, perd la transformation qui le relèverait dans son être et le développerait dans ses puissances, se traîne sans élévation dans des œuvres inférieures, pendant qu'il aurait pu s'honorer en concourant à des œuvres que son service, sous un supérieur, lui eut fait accomplir. Partout où peut régner le péripatétisme, l'inférieur, opprimé dans son être, demeure infécond dans ses propriétés, pendant que le supérieur ne vise qu'à opprimer, à écraser, à anéantir son inférieur pour le dépouiller de ses propriétés, mais aussi s'en servir sans les féconder; et, de là, une lutte fatale entre tous les conjoints et une infécondité fatale de leurs relations, une infériorité de leur être, même de l'être supérieur qui, ne sachant pas respecter et honorer son instrument, n'en saurait être servi.

Il semble, à écouter le manichéisme et le péripatétisme, qu'on entend des échos du *non serviam* qui retentit depuis si longtemps dans le monde, et ne cesse d'y flétrir toutes les unions en allumant la guerre entre les conjoints; soufflant l'orgueil qui isole et rétrécit l'être en amoindrissant les puissances; excitant la haine du supérieur contre l'inférieur et de l'inférieur contre le supérieur, en excitant l'envie de dérober la puissance par la destruction de l'être. Ce sont comme des souffles de mort qui flétrissent incessamment la vie, et malheureux les êtres qui les écoutent, malheureux ceux qui les propagent! On peut ne pas les comprendre, on ne saurait y adhérer quand on les a compris.

Tels peuvent être les résultats divers des théories; il fallait les faire entrevoir. Il est incontestable que l'école thomiste qui n'a cessé de professer son attachement à la vérité catholique n'a pu vouloir s'en séparer sur le point que nous agitons; et il faut lui rendre ce témoignage qu'elle ne croit pas en être séparée. Elle accepte tout autant que nous venons de l'exprimer l'existence de la matière dans le corps vivant, ne voyant pas que sa théorie la récuse pour elle. Elle est demeurée convaincue que l'âme se substituant aux principes d'être des éléments matériels leur conserve leur être intact; ce qui est contraire à la logique non moins qu'à tout ce qu'on sait des choses. Qu'une opération semblable se passe dans l'acte sacramental de la transubstantion, on n'est pas en droit d'en inférer que ce soit une opération toute naturelle : au contraire; et cependant c'est là l'argument dont se servent les philosophes de cette école, comme nous l'avons montré précédemment. Ces philosophes méconnaissaient qu'il faut se servir d'explications naturelles dans les choses naturelles; et dès lors, il ne leur paraît pas extraordinaire qu'une substance reste la même et garde son être en changeant de principe d'être; tandis que pour toute logique naturelle, comme c'est le principe d'être qui fait l'être, il est bien manifeste que ce n'est plus le même être si le principe d'être est changé. La matière ne peut subsister qu'à la condition de garder son principe d'être, à moins d'une opération surnaturelle qui échappe aux interprétations naturelles; et l'âme se substituant au principe d'être de la matière, ce n'est plus de la matière qu'elle détient, ce sont, si l'on veut, ses attributs matériels qu'elle revêt, des puissances matérielles dont elle s'empare pour en jouir comme elle entendra, à supposer, d'ailleurs, que les attributs et les puissances de la matière puissent s'isoler de son être, ce qui est loin d'être prouvé, comme nous l'avons montré plus haut. L'âme ne serait donc pas unie à de la matière vraie, mais seulement à des attributs matériels, toujours en raisonnant dans l'hypothèse toute gratuite des attributs séparables de l'être; et ainsi, notre corps ne serait pas vraiment matériel, ce ne serait qu'une apparence trompeuse, des attributs et des puissances dérobées à la matière; et l'union de l'âme avec le corps matériel consisterait bien réellement à dépouiller le conjoint de son être pour se revêtir de ses attributs et de ses puissances. Or, ce n'est bien certainement pas là la doctrine catholique; et l'école thomiste, malgré ses intentions incontestables de rester fidèle à cette doctrine, l'a néanmoins très-manifestement faussée dans son adaptation sur le terrain scientifique. On a voulu rester fidèle à saint Thomas, ce qui était bien légitime, mais on aurait pu s'apercevoir que saint Thomas s'était servi du langage scientifique de son époque, et que lui-même aurait changé de langage avec une nouvelle science pour soutenir la vérité qui reste fondamentale, l'union de l'âme et du corps dans l'unité de l'homme.

Et maintenant, combien faudra-t-il de temps encore pour que le plus grand nombre des esprits arrive à la conception de la doctrine vraie de l'union des êtres et des puissances, dans sa formule et dans ses conséquences? Quand verra-t-on clairement que dans toute union les êtres se conjoignent pour se relever et s'étendre, se féconder mutuellement dans leur être et dans leurs puissances, soit que les êtres continuent à demeurer deux êtres distincts dans leur personne, soit qu'ils arrivent à cette intimité où ils ne sont plus qu'un être et qu'une personne? Que l'âme vivifie l'être de la matière qu'il informe, pendant que cet être matériel réalise la vie de l'âme dans la transformation qu'elle en reçoit; que le supérieur s'honore et grandit à vivifier l'inférieur, comme l'inférieur grandit et s'élève à servir le supérieur? On .peut prévoir qu'un apaisement plein de charmes et de consolation, une vie nouvelle pleine de grandeur et de fécondité, seraient les heureux résultats de ces solutions partout répandues, comprises et mises en pratique, dans la vie des sciences comme dans la vie politique et sociale.

Que Dieu fasse cette avenir prochain! Il faut l'espérer et l'attendre en ne cessant d'assurer qu'il est seulement possible par le triomphe du dogme chrétien dans les intelligences. Ce dogme seul possède la vérité première qui contient implicitement toutes les autres, parce que seul il pose comme point fondamental le rôle vrai de l'âme Forme substantielle du corps, d'où se déduit le rôle instrumental intrinsèque du corps substantialisé dans son être matériel et ses propriétés. Aucune théorie des philosophes n'a posé cette base avec une tel puissance et une telle précision; et toute philosophie qui s'en écarte tombe fatalement dans les dangers et les folies du manichéisme ou du péripatétisme. Le principe d'être vitalise les éléments réalisateur de l'être, non en leur donnant l'être puisqu'ils l'ont déjà, mais en transformant cet être dans son entité et ses propriétés sous une modalité nouvelle. Vainement on luttera contre cette vérité qui est comme le pivot de toutes les sciences: les meilleures intentions même n'y feraient rien: elle a pour elle le temps qui la fera triompher à son heure, ou plutôt à l'heure de CELUI qui a tout ordonné avec justice et vérité.

TABLE DES MATIÈRES

Pages.

FIN DE LA TABLE.

ERRATA

Page 2, ligne 29, *au lieu de:* Xe; *lisez:* IVe.

Page 4, ligne 25, *au lieu de:* vraiment faite, *lisez:* vainement faite.

Page 43, ligne 7, *au lieu de:* secondement, *lisez:* secondairement.

Page 46, ligne 12, *au lieu de:* organiques, *lisez:* inorganiques.

Page 70, ligne 15, *au lieu de:* en, *lisez:* ou.

Page 74, ligne 1 à 2, *au lieu de:* le dégager disait, *lisez:* le disait.

Page 74, ligne 2 à 3, *au lieu de:* à se parce, *lisez:* se dégager parce.

Page 89, ligne 9, *au lieu de:* Partant, *lisez:* Partout.

Page 110, ligne 13, *au lieu de:* subsisistant, *lisez:* subsistant.

Page 134, ligne 3, *au lieu de:* émanant, *lisez:* immanent.

Page 146, ligne 9, *au lieu de:* par ce principe, *lisez:* c'est par ce.

Page 148, ligne 14, *au lieu de:* , avec, *lisez:* . Avec.

Page 160, ligne 17, *au lieu de:* ralentit, *lisez:* retentit.

Page 172, ligne 28, *au lieu de:* sans, *lisez:* sous.

Page 175, ligne 17, *au lieu de:* ces, *lisez:* ses.

Page 191, ligne 16, *au lieu de:* péripatisme, *lisez:* péripatéticienne.

Page 193, ligne 10, *au lieu de:* suivent, *lisez:* suive.

Page 195, ligne 29, *au lieu de:* noé, *lisez:* néo.

Page 234, ligne 11, *au lieu de: liminio, lisez: limina.*

Page 255, ligne 25, *au lieu de:* considérables, *lisez:* certaines.

VILLE-D'AVRAY. — IMP. SOUSSENS ET Cie.

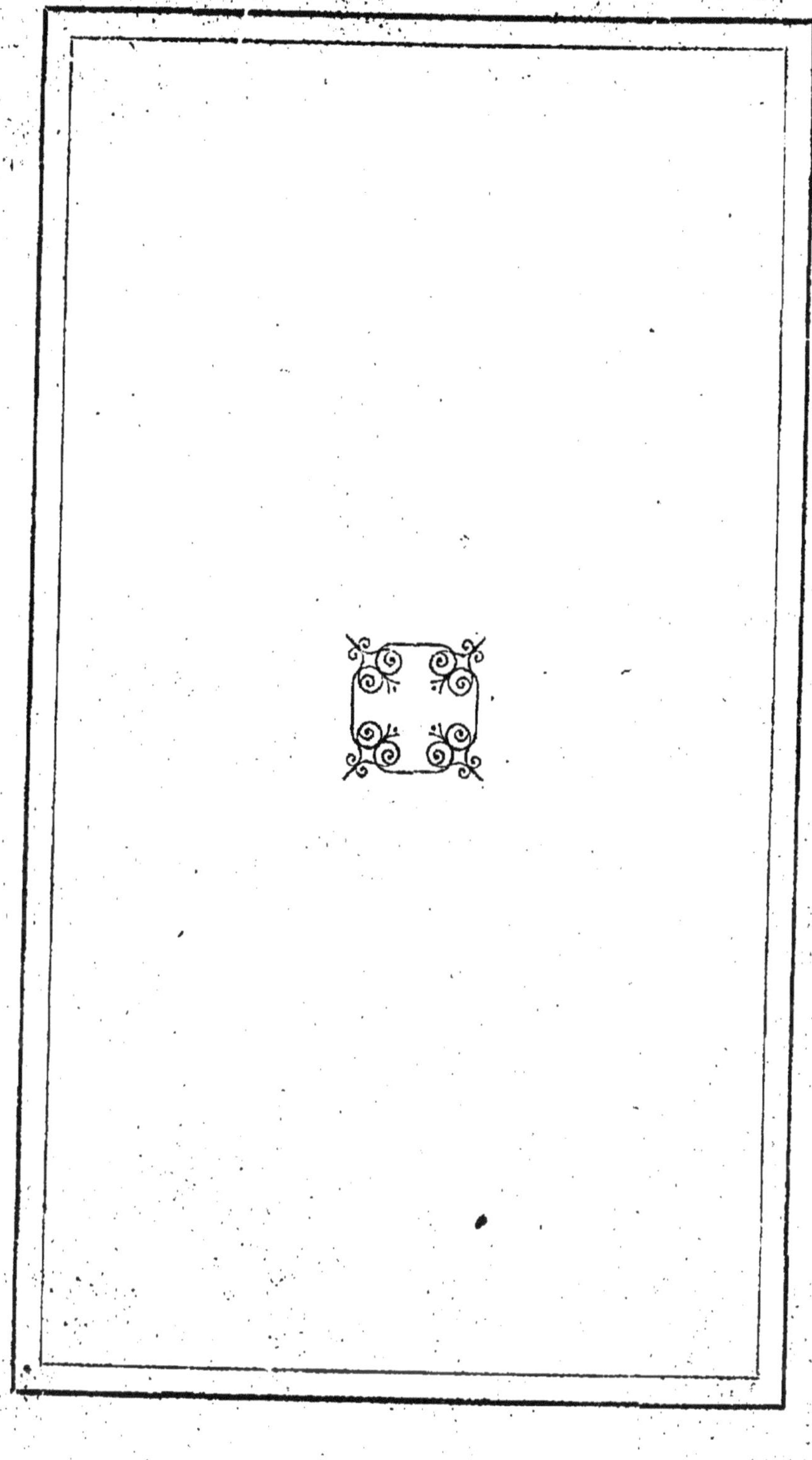

www.ingramcontent.com/pod-product-compliance
Ingram Content Group UK Ltd.
Pitfield, Milton Keynes, MK11 3LW, UK
UKHW020310230726
13925UKWH00001B/326